超级记忆

刘志华 著

中国纺织出版社有限公司

内 容 提 要

记忆是一切智力活动的基础，提高记忆力在人生的每个阶段都尤为重要。刘老师有着十几年脑力培训经验，在超级记忆、快速阅读和思维导图三个领域有着深厚的积淀和独到的见解。他在本书不仅向读者分享了诸多实用好用的记忆方法：链式记忆法、数字记忆法、信箱记忆法、缩编记忆法、英语单词记忆法等，还提供了高效精炼的数字密码和字母编码，这些方法足以应对词语文章、数字公式、英语单词、生活细节、考试知识点等记忆需求。书稿还穿插了大量的练习和参考答案，帮助你真正转变思路，培养右脑图像思维方式，快速提升记忆力。

图书在版编目（CIP）数据

“全想脑力提升书系”超级记忆 / 刘志华著. --北京：中国纺织出版社有限公司，2021.1

ISBN 978-7-5180-7899-8

Ⅰ.①全… Ⅱ.①刘… Ⅲ.①记忆术—通俗读物 Ⅳ.①B842.3-49

中国版本图书馆CIP数据核字（2020）第177541号

策划编辑：郝珊珊　　责任校对：高　涵　　责任印制：储志伟

中国纺织出版社有限公司出版发行

地址：北京市朝阳区百子湾东里A407号楼　邮政编码：100124

销售电话：010—67004422　传真：010—87155801

http://www.c-textilep.com

中国纺织出版社天猫旗舰店

官方微博http://weibo.com/2119887771

北京通天印刷有限责任公司印刷　各地新华书店经销

2021年1月第1版第1次印刷

开本：710×1000　1/16　印张：14

字数：226千字　定价：59.80元

再版序

在过去近20年的时间，我一直从事培训事业。为了让学员们迅速成长，我持续不断地给予他们培训，帮助每一位学员激发自己的大脑潜能，从而在工作、生活以及学习中轻松记忆、敏捷思考和高效阅读，并且为他们建立学习档案，让学员们都能日复一日、月复一月、年复一年地把这些能力得以巩固并保持下去。当每一位学员通过这样的训练，提升了自己的价值，在工作、生活以及学习当中表现出与众不同的精彩时，我相信每位学员一定会对自己以后的人生拥有更多的期待。

在刚接触脑力培训行业的时候，我并未给自己设立一个巨大的人生目标或者说要一辈子从事这个行业，所要求的仅仅是跟现在很多进入我课堂的学员一样：通过一系列脑力课程的训练，能够迅速提升自己的学习成绩，让学习变得so easy。当课程结束后，我把脑力训练研习会中老师所讲授的记忆方法和学习技巧运用到学科上时，惊喜地发现，老师所讲授的每一堂课内容自己都能轻松复述至少80%。拥有了这种让同学们羡慕、老师惊叹的超级记忆力以后，我的学习成绩自然而然得以迅速提升，以前那个害怕上课甚至沮丧的我在同学们的眼中也变得活泼自信了。

现在回想起来，当初去参加脑力训练研习会这个决定应该是我近40年人生当中作出的最正确、最骄傲、最成功的几个选择之一了。这个积极的行为带给我一个个全新的学习方法和技巧，这些方法和技巧给予自己更积极、更快乐的学习和工作感受；这些积极快乐的学习和工作感受，进一步促进自己更积极地行动，越是更积极地行动，体验到的成就和快乐就越多——这是超级脑力课程带给我的连锁反应。现在，我又把这些连锁反应回馈到参加我课程的每一位学员身上，教会他们如何拥有并运用超级脑力，实现自己的人生价值。

现在，借这个机会，把自己这么多年的教学累积，在中国纺织出版社的大力支持下，我们把记忆提升、思维训练和全脑阅读融合成全想脑力提升书系，希望通过这个书系，更加全面地帮助大家迅速提升自己的记忆力、思维能力和阅读能力。

学习是一个坚持累积的过程，而不是速成的体验。因此在阅读本系列书系时，我给读者朋友三个建议。一是学习训练的时候进入角色，二是坚持并勤加练习，三是不断练习，学以致用。这三个建议是保证我们学习全想脑力提升书系能得到巨大收获的关键。

先来谈第一点，学习训练的时候进入角色。当我在训练课堂上要求每个学员都要进入训练的角色时，有80%以上的学员都会问我，怎样才能或者才算进入训练的角色？答案很简单，就一个字：爱。爱是成就一切的基础，当你带着爱来学习的时候，就一定会很容易并轻松进入训练的角色。有些学员听我这样讲述后问我，老师，如果我就是爱不起来，该怎么办？在这个时候我什么也不多说，就教他们深情地唱这几句歌：“莫名我就喜欢你，深深地爱上你，从见到你的那一刻起。” 当学员们都会唱这几句歌的时候，他们脸上往往都洋溢着幸福的微笑，这个微笑就是带着爱的。如果一个学习者能带着爱和热忱来学习，我相信，在脑力提升系列书系当中所得到的收获，将是他获得的最宝贵财富之一。

第二点是坚持并勤加练习。这句话是当初在脑力训练研习会学习时老师给我的忠告。对于这套脑力提升书系的读者来说，这句话非常关键，你必须按照书中讲授的方法和技巧去实践练习。坚持并勤加练习可以让学习实现从量变到质变的飞跃，阅读完书中的文字，你最多处于知道和学到的状态，知道和学到还远远不够，还必须坚持勤加练习，通过不断地练习，直到练习成为习惯，这时候你才可以说自己真正学会并掌握了。但在这里，我不得不说，第二点是很多人最容易放弃的，因为没有“坚持”两个字的加持去练习，很多人都处于什么都知道就是做不到的状态。

第三点是不断练习，学以致用。在现在这个快节奏的时代，很多人是一边学习，一边丢弃，光学不用，像一篇文章中讲到的猴子去掰玉米，掰这个，丢那个，学了很多，最后只留下了一个，有些人更可怕，到最后一个都没有留下。关于第三点学员提出问题：“老师，学习了超级脑力课程后，如果不学以致用的话，会怎么样？”在课堂上，我没有直接回答她，而是打开窗户，指着马路上的出租车对她说：“你跟出租车司机相比，谁的驾驶技术会更好一些？”“当然是出租车司机了。”该学员干脆地回答我。为什么出租车司机驾驶技术好？答案就是这八个字：不断练习，学以致用。就算一个出租车司机每天跑 400 公里，你可以算算他一年要跑多少公里。长期的练习、运用、实践，最后可以说达到了“人车合一”的境界。亲爱的读者，如果你在进行脑力训练的时候，也能做到如出租车司机一样灵活运用这套书系中的方法和技巧，你定会收获满满；把这些收获运用到工作、生活、学习中，定会成就自己多彩的人生。

好了，说了这么多，现在是时候跟着书系中的内容进行训练了，从带着爱进入训练的角色开始，一步一个脚印，去拥抱属于你的人生惊喜和幸福明天吧。

2020.9.6 于重庆

前言

为什么要写这本书

如何提升记忆力，是一个永恒的话题。只要有人存在，就要接触到记忆力，拥有记忆的能力是人类不断进化的基础。尤其在现代社会中，学习、生活、工作等方方面面都受记忆这种能力影响。

阅读本书，我给读者三点建议。一是正确的方法，二是不断地练习，三是长期地运用。这三个要点是提高记忆和思维能力的关键要点，缺一不可。

首先来说说第一点：正确的方法。

先给大家讲个故事。有一个非常勤奋的青年，很想在各个方面都比身边的人强。经过多年的努力，仍然没有长进，他很苦恼，就向智者请教。智者叫来正在砍柴的三个弟子，嘱咐说："你们带这个施主到五里山，打尽可能多的柴火。"年轻人和三个弟子沿着门前湍急的江水，直奔五里山。

等到他们返回时，智者在原地迎接他们。年轻人满头大汗、气喘吁吁地扛着2捆柴，蹒跚而来；两个弟子一前一后，前面的弟子用扁担左右各担4捆柴，后面的弟子轻松地跟着。正在这时，从江面驶来一只木筏，载着小弟子和8捆柴火，停在智者的面前。年轻人和两个先到的弟子，你看看我，我看看你，沉默不语；唯独划木筏的小徒弟，与智者坦然相对。

智者见状，问："怎么啦，你们对自己的表现不满意？”“大师，让我们再砍一次吧！”那个年轻人请求说，“我一开始就砍了6捆，扛到半路，就扛不动了，扔了2捆；又走了一会儿，还是压得喘不过气，又扔掉2捆；最后，我就把这2捆扛回来了。可是，大师，我已经很努力了。”

“我和他恰恰相反。”那个大弟子说，“刚开始，我俩各砍2捆，将4捆柴一前一后挂在扁担上，跟着这个施主走。我和师弟轮换担柴，不但不觉得累，还觉得轻松了很多。最后，又把施主丢弃的柴挑了回来。”

划木筏的小弟子接过话，说：“我个子矮，力气小，别说2捆，就是1捆，这么远的路也挑不回来，所以，我选择走水路……”

智者用赞赏的目光看着弟子们，微微颔首，然后走到年轻人面前，拍着他的肩膀，语重心长地说：“一个人要走自己的路没有错，关键是怎样走；走自己的路，让别人说，也没有错，关键是你认为自己走的路正确。年轻人，你要永远记住：选择方法比努力更重要。”

如果你真的想通过本书提升你的记忆力和思维能力的话，你一定要对本书中讲授方法的部分仔细阅读。

第一点，我通常把它叫作：知道。

再谈谈第二点：不断地练习。

如果你把拥有超级记忆这种能力当成了一种知识，那就大错特错了。掌握一门知识与掌握一种能力，方法是完全不同的。游泳和骑自行车是怎么学会的呢？那就是找一个教练在一旁指导，自己进行实际练习，十几二十个课时下来，熟能生巧，自然就掌握了。如果只有教练的讲解，你自己不去实际练习，实践操作，就算你把世界最有名的游泳和自行车教练请来，你还是不可能学会游泳和骑自行车。因为只有实践才能出真知，实践才是检验你有没有熟练掌握记忆方法的唯一标准。

对于这本书，我希望你不光是阅读了，而且还要跟着练习。当你从前半部分知道了提升记忆力的正确方法，这对你来说并不等于掌握了方法，还需要不断地练习，直到练习成为习惯，才叫掌握了。

第二点，我通常把它叫作：做到。这第二点是人们最常忽视的，因为很多人都是知道，就是没有做到！

最后来说第三点：长期地运用。

为什么出租车司机的技术一定比你更好呢？因为他们长期运用。一个出租车司机就算平均每天驾驶出租车跑400公里的里程，一个月除掉休息日至少也跑了8000公里，一年就是100000公里！长期地练习、运用，最后可以说达到了“人车合一”的状态，做任何动作都不需要大脑下达指令，看看他们在马路上快速变道有多么流畅就知道了。而这一切，都是长期运用驾驶技术的结果，而我们虽然会开车，但不经常开车，所以就会在紧急情况下手忙脚乱。

亲爱的读者，如果你学习本书中提高记忆和思维能力的内容而不运用的话，对你来说一点儿用处都没有，你永远都只会停留在第一点上，只是知道，你永远达不到“人车合一”的状态，只有长期地运用，跟出租车司机一样，才能达到第三点。

第三点我通常把它叫作：得到。得到最难，因为难在坚持！有一位神经学方面的科学家曾经说过：“任何领域你都可以达到世界大师级的水准，但前提是，你要在这个领域坚持10000个小时以上！”

在本书中，你将学到快速提升记忆力的方法及技巧，来记住那些在日常生活中你想要记忆的资料，轻松记忆英语单词、法律条文、文章、古文、长串的数字，也可以学到如何脱稿演讲半小时，瞬间记住重要的谈判论据及人物信息，轻松应对考试压力，还可以增强学习自信心并把工作效率提升70%以上，迅速提升你的思维效能。

亲爱的朋友，让我们现在开始吧，一起乘坐“超级记忆力训练法”这枚开发大脑潜能的火箭，收获你人生的多重惊喜和幸福的未来！

目录

第一章　你的大脑你应该做主　_001

第一节　了解我们的大脑　_002
第二节　拥有超级记忆力的三个指标　_005
专栏一　测测你的记忆力　_006
第三节　你为什么记不住　_009

第二章　轻松开启记忆之门　_013

第一节　改善不良的用脑习惯　_014
第二节　良好的心态　_017
第三节　三种记忆模式　_020
第四节　克服遗忘的关键　_022
第五节　增强记忆力的三大黄金思维模式　_026

第三章　打破思维定式　_029

第一节　一切从联想发散开始　_030
第二节　联想发散能力的三个关键要点　_031
第三节　培养观察力，训练发散思维　_033
第四节　激发想象力，训练发散思维　_036

第五节　注意力训练　　_039
第六节　构建联想能力的三种模式　　_045
第七节　提升联想能力的三种方法　　_048

第四章　链式记忆法　　_055

第一节　记忆资料的转换　　_056
专栏二　形象材料转换　　_057
专栏三　抽象材料的转换　　_061
第二节　链式环扣记忆法　　_068
专栏四　抽象材料锁链联结练习　　_073
第三节　链式串联记忆法　　_078
第四节　记住文字资料　　_085
专栏五　古文古诗精确记忆　　_091

第五章　数字记忆法　　_095

第一节　数字图码记忆　　_096
专栏六　111 个数字图码　　_099
第二节　数字资料整体谐音转换记忆　　_118
专栏七　长段数据资料记忆　　_121
专栏八　数据与文字材料记忆　　_123
专栏九　数据资料的综合记忆运用　　_125

第六章　信箱记忆法　　_129

第一节　设立信箱的要点　　_130
专栏十　位置信箱运用　　_133

专栏十一　身体信箱运用　_136
专栏十二　生肖信箱运用　_139
专栏十三　人物信箱运用　_142
专栏十四　信箱扩展运用　_145

第七章　缩编记忆法　_151

第一节　缩编记忆法的要点　_152
专栏十五　缩编记忆法的一般应用　_154
第二节　缩编记忆法的进阶运用　_158
第三节　缩编法创意歌诀的运用　_161
专栏十六　融会贯通全记牢　_166

第八章　英语单词记忆法　_171

第一节　你为什么成不了英语达人　_172
第二节　记忆英语单词的六个步骤　_174
第三节　三大英语单词记忆方法　_177
第四节　三字经单词批量记忆法　_193

第九章　获取最强大脑　_199

分享一　21 天养成法　_200
分享二　逃离记忆训练的误区　_202
专栏十七　终极大测试　_203

后 记　_209

第一章

你的大脑你应该做主

第一节　了解我们的大脑

要了解记忆，首先要了解我们的思维器官——大脑。只有了解了大脑，我们才能发挥大脑最大的记忆潜能，因为所有的记忆都必须经过大脑来处理。大脑把处理后的信息储存在大脑里的某一个角落，当我们需要的某一个信息出现的时候，这个信息就会以经验的形式在大脑中直接反映。

通过先进的生物科学技术研究发现，每个健康的成年人的大脑平均有140亿~230亿个脑细胞，听到这个数字的时候，我想有些人一定会惊讶不已。我曾经看过一本由国外两位大脑研究人员帕肯伯格和冈德森出版的书籍《人类大脑新皮层神经元数量：性别和年龄效应》，书中公布了男人和女人的脑细胞数量，根据此书中的数字，男人平均有228亿个脑细胞，女人有193亿个脑细胞。最为有趣的是，两位研究人员还列出了一个计算脑细胞的公式。

你可以根据以下公式计算一下你大脑细胞的数量：

女人的脑细胞数量（单位为10亿）=$e3.05-$年龄$\times 0.00145$

男人的脑细胞数量（单位为10亿）=$e3.2-$年龄$\times 0.00145$

他们把e（欧拉数值）设定为一个数值：$e=2.7182$

根据以上公式计算出来的大脑细胞的数量不包含小脑的脑细胞，小脑还有大约1000亿个脑细胞。就帕肯伯格和冈德森两位的研究成果来看，男人的大脑平均要比女人的大脑多大约35亿个脑细胞，但这并不说明男人的大脑比女人的大脑拥有更多的能力，恰恰相反的是，研究结果显示，女人的大脑比男人的大脑更有效率。

根据以上所说，我们已经非常清楚地知道大脑由140亿~230亿个脑细胞组成。虽然大脑有着上百亿的脑细胞，但脑细胞的新陈代谢也是非常厉害的，每小时都有数千个脑细胞在衰亡，但同时也有新的脑细胞在诞生。很多科学家还这么认为，对于常人来说，在这么多的脑细胞当中，一生中最多只有15%的脑细胞在参与工作，还有近85%处于待使用的状态，当然这并不是说没有用处，而是指在开发大脑思维潜能方面没有用到而已。

我们的大脑主要分为左、右大脑半球。经过美国心理生物学家罗杰·斯佩里及很多科学家的后续研究，人类已经基本上熟悉了两个大脑半球的思维功能。目前普遍被大家接受的左右脑分工理论是这样的：

左半脑主要负责逻辑理解、记忆、时间、语言、判断、排列、分类、逻辑、分析、书写、推理、抑制、五感（视、听、嗅、触、味觉）等，思维方式具有连续性、延续性和分析性，因此左脑可以称作“意识脑”或者“学术脑”。

右半脑主要负责空间形象记忆、直觉、情感、身体协调、视知觉、美术、音乐节奏、想象、灵感、顿悟等，思维方式具有无序性、跳跃性、直觉性等，因此右脑又被称为“创造脑”或者“艺术脑”。

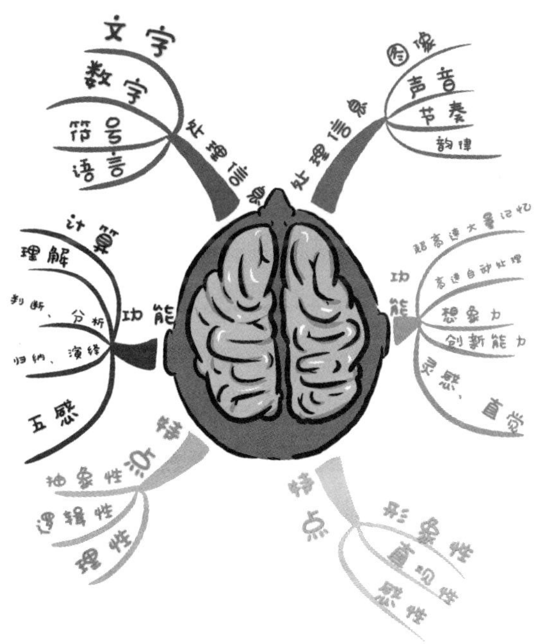

实际上左右脑的分工在我们的生活中随时可以感受到，启动右脑思维处理图像、声音、韵律等资料要比我们启动左脑思维处理文字、数字等资料高效得多。例

如，唱歌就要比记歌词来得容易，因为唱歌是听到声音和韵律，运用的是右脑思维，歌词是文字，文字没有图像，就只能启动左脑死记硬背。同理，同样的材料，看影片就要比看文字容易记忆得多。右脑不但有高速信息处理能力，还会让人突然爆发出一种幻想、一个创新、一项发明等；右脑还是低耗高效工作区，可以轻松无负担地高速记忆、高质量记忆，经过训练，还可以让人具有过目不忘的本领。

正是因为右脑具有这样的特点，在记忆力和思维能力训练课程中，我一直倡导右脑思维，把一些难以记忆的资料经过右脑思维后变成图片、声音、韵律等形象的资料存储进我们的大脑，这样可以达到事半功倍的效果，同时也可以启动大脑的想象力及创造性思维。

正如世界上著名的记忆大师哈利曾说的一样：“记忆方法是任何人都可以完全掌握的，拥有超级记忆力的人并非天生，只不过是通过训练和掌握好的记忆技巧和方法而提高的。”

画重点

⊕男人的大脑平均要比女人的大脑多大约35亿个脑细胞，但这并不说明男人的大脑比女人的大脑拥有更多的能力，恰恰相反的是，研究结果显示，女人的大脑比男人的大脑更有效率。

⊕右脑不但有高速信息处理能力，还是低耗高效工作区，可以轻松无负担地高速记忆、高质量记忆，

⊕拥有超级记忆力的人并非天生，只不过是通过训练和掌握好的记忆技巧和方法而提高的。

第二节 拥有超级记忆力的三个指标

记忆能力和思维能力是大脑最重要的功能。记忆包含两个方面：记和忆，记主要体现在识记和保持方面，忆则体现在确认和回忆方面。那如何衡量一个人的记忆力和思维能力呢?

经过这么多年的教学和研究，我总结了以下3个指标：

Norm 1 记忆的速度

这个很重要，同样一本书，同样数量的英文单词，同样的考试资料，有人20分钟就全部完成记忆，而有些人呢，3天还没有完成，甚至有些人10天都记不住。不同的人对同一样资料的记忆，速度会有差别。因为速度快，可以节省很多时间，效率当然会提高，学习就会更轻松；速度慢的，当然会花大量的时间，但效率却并不一定高。

Norm 2 记忆的准确度

不管是平时的学习还是考试，对准确度的要求都是相当高，就我上面讲的例子，如果记英文单词，记考试资料看似记得快，却没有准确度，那效果肯定会是大打折扣。记忆没有了准确度，就犹如射击运动员打靶老是脱靶，全都脱靶了能会有好成绩吗?

Norm 3 记忆的持久度

保持长时间的记忆很重要。例如，在我们生活和学习中，很多人都会在临近考试或者其他紧急应用的时候采取左脑条例式的死记硬背，保持短期的记忆，一旦考试或者应用完毕，脑子里就没有“货”了，丢掉了，更有甚者，还没有上考场，就都忘光了，既浪费时间又浪费精力。而现在的很多资格考试都是需要保持记忆的持久度的，也就是长期记忆。如何保持长期记忆呢？两个诀窍：正确的记忆方法+正确的复习技巧。

画重点

⊕记忆的速度、准确度和持久度是衡量一个人记忆力和思维能力的指标。

⊕记忆速度就会花大量的时间，但效率却并不一定高。

⊕要保持长期记忆，就要掌握正确的记忆方法+正确的复习技巧。

专栏一　测测你的记忆力

记忆，是获取知识的必要条件和重要手段，为了让你更好地了解自己目前的记忆和思维水平，同时也为了在后面能检验训练成果，下面我提供2套测试题目，以便你在训练之前明确自己的起点。这2套题中，第一套是检测记忆力的问答题，第1~2题，选择适合你的一项，第3~20题，用“是”或“否”来回答就可以了。第二套是数字、中文及英语单词的综合记忆测试题，这个需要你运用当前的记忆水平来记忆，好了，现在开始测试吧！

Test 1　选择题

1. 从以下4个选项中选择一个与你相符的：

A. 即使有一些零碎的片段，也已经把内容都忘光了。

B. 你很轻易地就能把以前看到的内容清晰地记起来。

C. 你经常把以前的记忆与其他记忆混淆，把内容记错。

D. 你需要一些提示，但是还能比较清晰地辨别出以前看过的内容。

2. 你平常用什么方式记东西、记资料？

A. 用整体来记忆，也就是把要记的东西综合归纳。

B. 以部分来记忆，也就是把对象分开，然后逐一记忆。

3. 你平时习惯用阅读，尤其是精读的方式来搜寻并储存信息到大脑中吗？

4. 你能利用其他辅助的方法，如表格、图或总结等来帮助你记忆吗？

5. 你能不能在面对大量信息时，把最重要的部分找出来并单独记忆？

6. 你是否能在面对众多信息时，很快找到自己有用的？

7. 当你碰到的只是日常琐事或无关紧要的事时，你是否很快就忘记？

8. 你是不是一定要先理解了才能记住某些内容？

9. 当面对一个较为复杂的事物时，你能够找出其中的联系以及各个部分的相同点和不同点吗？

10. 你平时是否会随身携带笔记本以便随时记录信息，你是否有写日记或感想的习惯？

11. 你在面对一件比较重要的事时，是否能集中自己的注意力，告诉自己一定要记住？

12. 你是不是习惯将有关联或有相似点的事物归纳到一起记忆？

13. 你对所要记住的东西有兴趣，很想一探究竟吗？

14. 当你面对一些比较枯燥的内容，比如字母和数字，你是用单纯背诵的方法记下来，还是用理解或关联的方法记下来？

15. 当碰到难题时，你是否能够不求助他人，单独解决？

16. 在记忆比较疲劳的时候，你会不会把要记忆的东西换成另一种东西？

17. 你能在记忆时仔细观察对象，并考察与其相关联的事物，以便记得更清楚吗？

18. 你会借助一些其他的方式，如听、说、写或亲身经历，来加深你对记忆对象的认识，使你记得更牢吗?

19. 在记忆的过程中，你是否会用将对象与其他事物相关联的方法，以便更好地记忆?

20. 在记忆某些内容后，你是否会很快再重温一遍，以便记得更牢?

评分规则:

在第1题中，选A的人记忆力不够好；选B的人记忆力较强；选C的人记忆力比较混乱、模糊；选D的人记忆力一般。

在第2题中，调查表明，选择A的人拥有较强的记忆力。

第3~20题中，答“是”表示你懂得记忆的正确方法，记忆力较强。答“否”的人记忆方法欠妥，记忆力需要提高。

你属于哪一种呢?请写在下面的横线上。

____

____

Test 2　中文词、英语字母、数字记忆及英语单词的综合记忆

1.请在3分钟内按顺序记住下列中文词:

惹是生非　轻车熟路　跑步　小燕子　其中必然　海产品　杨过　急转弯　纠风办　一笑而过　跨区作业　公告制度　化妆品　马大哈　通讯簿　阳光明媚　信用卡　养老金　睡觉　别墅

2.请在3分钟内按顺序记住下列英文字母:

R　Q　I　C　Y　M　X　B　D　E　F　J　W　L　U　S　G　Z　A　O　B　W　O　I　Z　L　N　T　R　V

3.请在3分钟内按顺序记住下列数字:

99 67 19 46 65 11 43 57 03 96 38 24 07 56 63 80 45 93 42 29 87 65 21 39 54 06 23 39 20 53

4.请在2分钟内按顺序记住下列英文单词：

purse found queue brook schedule damage pioneer scream quick leather

5.请在2分钟内记住下面10句文言文：

三十辐共一毂，当其无，有车之用。埏埴以为器，当其无，有器之用。凿户牖以为室，当其无，有室之用。故有之以为利，无之以为用。

发挥你的记忆力吧，按照上面规定的时间记忆这些资料，记忆完成后，写出记忆的资料，位置顺序不能错，如果位置顺序错了，那就算错了。上面一共100项资料，在规定的时间内完成，正确的得1分，错了就扣1分。

现在来看看你的成绩吧。

你的得分：

我不敢肯定你能得多少分，但是我敢肯定的是，99%的读者朋友看见这些乱七八糟的变态测试题后都觉得不可能完成记忆，你不要沮丧，如果感觉到测试难度太大了，那是因为你还没有学会我的记忆方法和技巧。我相信，只要你认真读完本书，按照我讲授的方法认真地练习，坚持一段时间，你一定能做到。在“全想超级脑力”训练营里，小到8岁学童，上到60岁的老年人都能轻易地完成这些高难度的记忆。

第三节　你为什么记不住

我不知道你有没有问过自己这个问题，但是来上我们超级记忆力训练课程的学员有90%都被我问过这个问题。是啊，你为什么记不住呢？最闹心的是，有些明明花了很多精力和时间记住的资料，过几天就忘得一干二净，仿佛从我们的头脑一下子消失了，所以我们常常把自己当成是一个健忘的人，大多数人都会为此感到失落和沮丧，但又没有找到真正的原因，因此就开始给自己戴上了一顶帽子：“我天生记忆力不好。”

天生就是记忆力不好？我要告诉你的是：这实在是个很烂的借口！这是个会毁掉你一生成就与梦想的借口！但很多人已经习以为常了，在这里，我希望你立刻把这个埋藏在你心灵深处的“烂草莓”抛弃掉，只有抛弃掉，你才能立刻行动，获得改变。

我曾经在中学的时候看过一本书，书上有一句话一直驱动我不断地前行，今天我也把这句话送给你：一个人所拥有的能力，不是天生的，而是通过后天的努力不断训练出来的！是啊，来看看我们的身边，是不是也有你很羡慕的演讲大师，讲话犹如滔滔江水绵绵不绝？你可听说，他一出生，医生检查完就说他是个演讲天才？你是不是也被某一个企业家的风采深深地折服，你可听说，他一出生就是个出色的企业家？包括我也一样，我今天能把提高记忆力和思维能力的方法通过书呈现，这种写作能力也不是天生的。我们每个人都有自己的潜能，关键是看你要不要去开发。只要愿意开发记忆和思维能力的潜能，你也能够成为一位出色的记忆大师！

话虽如此，你无法记住资料的问题还是没有彻底地解决，这些年通过对学员的调研，我发现记不住的原因有以下几个方面：

Reason 1　没有找到正确的记忆方法

在传统的教育中，老师只会要求我们记忆和背诵，但是他们几乎没有提及并教授我们应该怎么有效地去开发和利用大脑的潜能，更有效率地去记忆和背诵。还有就是太多的人过分相信某些成功学宣传的那些“要成功，头脑简单向前冲，坚持不懈一定会成功”等理论，固执地以为只要自己坚持不懈，就一定会带来好结果，就是因为这样狠干蛮干，忽略了开发利用自己大脑的潜能，改变学习方法和利用先进思维工具的重要性。

举个例子吧，如果要去2000公里外的某一个地方旅游，有两种交通方式可以到达，一种是骑马，一种是乘飞机，请问你会选哪一种交通方式？我相信大家都会选择乘飞机。为什么呢？乘飞机，速度快、效率高，比骑马达到我们预设的目的地省时、省力、省心。这是两种不同的达到目的地的方法，选择不同，结果就不一样。

从现在起，我希望你告别填鸭式的死记硬背，通过这本书，掌握提升记忆力和思维能力的正确方法，让你轻松学习，快乐记忆。填鸭式的死记硬背不光会加重你学习的负担，还会让你的大脑容易疲劳，从而产生厌学的状态。

Reason 2　压力导致容易紧张

我相信很多人都有这样的经历，由于紧张，无法在黑板上书写出曾经背得滚瓜烂熟的资料，面对考试试卷，大脑一片空白，或者突然被要求上台在很多人面前发言，站在台上，看着下面的人群紧张得不行，甚至会突然忘记自己要讲解的内容。

从心理学的角度讲，适度的紧张可以有助于提高记忆力，但是过度的紧张会让我们的记忆水平无法很好地发挥。克服紧张，只有一个办法，那就是保持乐观积极的心态，多参加有益身心的社团活动，多训练自己当众演讲的能力，增强自己的抗压能力，以减少紧张的次数。

Reason 3　疾病和药物的影响

随着年龄的增长，人的记忆力会逐渐下降，这是正常的生理现象，这种现象通过增强记忆力和思维能力的训练课程是可以缓解的。但是，由于某些人因为疾病的原因，大量地使用某一些对神经和大脑有影响的药物，造成了大脑的损伤，引发了记忆障碍。由于现代医学的发展和各种生物技术的突飞猛进，由药物引发的记忆障碍发生的概率相对较少，直接由疾病和意外导致的记忆障碍倒是很多，比如脑出血、脑炎、颅骨创伤、帕金森病等。

Reason 4　吸烟及过度地饮酒

“吸烟有害健康”这几个字，每个人一定都在香烟的包装上见过，但还是有很多人拿自己和家人的健康不当回事。现代医学研究发现，吸烟会加速记忆力和思维能力的丧失。尤其是中年人，受损的程度更加明显。烟瘾大的人记忆力通常比常人差。适量的饮酒可以帮助人们消除疲劳，活化血液循环。但过量饮酒对身体的危害会相当大，尤其是现在假酒甚多，过量地饮用更容易酒精中毒，危及生命。

记忆力差由第三点和第四点造成的很少，第一点和第二点的原因占了95%以上。如果你也是其中之一，我要告诉你：用正确的方法、乐观的心态，放松自己，从现在开始重塑你的记忆力和思维能力吧！

画重点

⊕没有找到正确的记忆方法是记不住的最主要原因。

⊕一个人所拥有的能力，不是天生的，而是通过后天的努力不断训练出来的！

⊕由药物引发的记忆障碍发生的概率相对较少，直接由疾病和意外导致的记忆障碍倒是很多。

第二章

轻松开启记忆之门

第一节 改善不良的用脑习惯

什么是记忆？记忆是能够记住经历过的事物，并能在以后再现（或回忆）或在它重新呈现时能再认识的过程，包括识记、保持、再现三方面。

记忆力好可以过目不忘，甚至倒背如流，越学越有信心；记忆力不好会前记后忘，越学越苦恼。如果没有好的记忆力，我们很难在学习中取得好的成绩。千里之行，始于足下，从现在开始，保持良好的心态，克服遗忘，我们一起去寻找打开记忆之门的钥匙！

现代人几乎一夜之间扎进了书山题海里，需要记忆的东西没完没了。在校学生感到学习紧张、压力大；已参加工作的人要静下心来学习更是难上加难。这时，一个新的问题产生了，由于我们对智力的片面运用导致了不良的用脑习惯，造成了大脑部分功能负担过重，使得学习过程中记忆和思维能力下降，效率降低。科学家研究发现，如遇有以下情况则不可继续使用大脑：

1. 头昏眼花，听力下降，耳壳发热；

2. 四肢乏力，打呵欠，嗜睡或瞌睡；

3. 注意力不集中，思维飘忽；

4. 思维不敏捷，反应迟钝；

5. 食欲下降，出现恶心、呕吐现象；

6. 性格出现改变，如烦躁、郁闷不语、忧郁等现象；

7. 看书时，看了一大段，却不明白其中的意思；

8. 写文章时，掉字、重复率增多。

以上情况都是用脑过度的信号，这时，你必须放松下来，可以闭目养神或眺望远景，也可以到户外散步休息片刻。如果有条件的话，你还可以做一些使接受能力更强、创造力更丰富以及让头脑更清醒的练习。

在每期的记忆力和思维能力培训班上，我们都会教给学员一些有利于大脑的训练，比如冥想：让学员找一个舒服的姿势坐着或者躺着，做几个深呼吸，放上一段巴赫或者亨德尔的慢板乐章，让音乐缓缓流进学员的体内，放松全身的肌肉，使人进入冥想状态，消除大脑的紧张，让学员感到舒适而内心宁静。一般10分钟的冥想就可以让大脑清醒，心旷神怡、心平气和、真我复原，我们也把冥想叫作“音乐浴”。练练瑜伽也是不错的放松方式。

如果你的时间不是很充裕的话，可以花上几分钟的时间，做做现在非常流行的健脑操。这里简单介绍两种，以供大家学习交流：

健脑操1　手脑并用，增强注意力和活力。

1. 用双掌轻揉太阳穴，来回揉5~10次。双手置于后脑，一边吸气，一边头慢慢向前弯；接着一边吐气，一边把头慢慢向后仰，反复5~10次。提示：吸气、吐气要温和，不宜用力过猛。

2. 双手置于后脑，做上下揉搓及按压的动作，来回揉5~10次。双手交叉，用右手大拇指在上及左手大拇指在下的动作，交替进行5~10次。提示：相互交叉时双手可以轻轻摁捏，效果更佳。

3. 指根交叉，用力紧压手指3~5秒，放松后再交叉，反复数回。

4. 脚底紧贴地面，上半身放松，然后双手手掌朝下，做前后摆动状，反复10~20次。

健脑操2　最好每天做一遍，使肩部充分活动开，从而改善脑部的供血，对缓解大脑疲劳有非常好的效果，大概需要6分钟。

1. 上下耸肩运动：两足分开而立，约与肩宽，两肩尽量上提，使脑袋贴在两肩头之间，稍停片刻，肩头突然下落。做8遍。

2. 背后举臂运动：两臂交叉并伸直于后，随即用力上举，状似用肩胛骨上推头的根部，保持两三秒钟后，两臂猛地落下，像要撞到腰上（实际也可撞上）。做1遍。

3. 叉手前伸运动：屈肘，五指交叉于胸前，两手迅猛前伸，同时迅速向前低头，使头夹在伸直的两小臂之间。做5~10遍。

4. 叉手转肩运动：五指交叉于胸前，掌心朝下，尽量左右转肩。头必须跟着向后转，注意保持开始时的姿势，转动幅度要≥90° 。左右交替，做5~10遍。

5. 前后曲肩运动：先使两肩尽量向后弯曲，状如两肩胛骨要碰到一起似的。接着用力让两肩向前弯曲，如同两肩会在胸前闭合似的，并使两只手背靠在一 起，做5~10遍。

6. 前后转肩运动：屈肘，呈直角，旋转肩部，先由前向后，再从后向前，旋转遍数不限。

大脑是人体进行思维活动最精密的器官。养生首先要健脑，要防止脑功能衰退。大量的实践证明，科学用脑，合理用脑，左右脑平衡地发展，更有利于工作和积极创新，并可以刺激脑细胞再生，恢复大脑活力，提升记忆和思维能力。同时还可以多食用一些保健食品，补充大脑能量，也可以多食用一些健脑食物，如核桃、鱼虾类、海藻类、蜂蜜、豆类、动物内脏等，不光健脑，还可以延缓人体衰老。

画重点

⊕当出现用脑过度的信号时，你必须放松下来，可以闭目养神或眺望远景，也可以到户外散步休息片刻。

⊕音乐浴、瑜伽和健脑操都是能让创造力更丰富、头脑更清醒的方法。

⊕核桃、鱼虾类、海藻类、蜂蜜、豆类、动物内脏等都是非常好的健脑食物。

第二节 良好的心态

当你看到这个标题，你肯定会问我：心态跟记忆力有关系吗?

日本有位著名的教育家和心理学家叫多湖辉，他曾经做了一个专门研究“自信与记忆、思维关系”的实验。实验结果证明，自信心影响着一个人记忆力的发挥。当一个人自信心增强的时候，精力往往非常旺盛，情绪非常乐观，大脑细胞的活动能力大大增强，从而使大脑智能思维不断奔腾流动，想象天马行空，给予大脑全新的能量。

如果一个人总认为自己记忆力不好，常说“我记不住，我的记忆天生不好”等消极的话，久而久之，产生了一种负面的能量，一到学习的时候，就会出现精神不振、情绪不高，甚至厌学的状态，最后记忆力和思维能力越来越差，学习效果越来越不好。

所以我经常在课堂上跟学员分享：就算你丢掉了一切，也不要丢掉心灵中最宝贵的财富，那就是自信。当你丢掉了自信，你就会蒙蔽自己的心灵，偏离自己的内心，失去自己的理想。曾带领中国足球唯一一次进入世界杯决赛的神奇教练米卢曾经说过一句话：态度决定一切！这句话对在学习记忆力和思维能力课程的你来说，也是非常重要的。是的，态度决定一切！

对一些人来说，即使感觉自己的记忆力的确不怎么好，但也一定不要失去信心，只要树立正确的学习态度，不断给予自己“我能记住”的潜意识能量，你一定可以突破自己的障碍。

世界记忆冠军多米尼克在10多岁的时候被老师判定为阅读障碍症，经常当众受到侮辱，但经过不断地训练和潜意识导入，最终赢得了8次世界记忆冠军而被载入吉尼斯世界纪录。世界著名的潜能激励大师博恩·崔西也曾经指出，潜意识对人的影响力量是显意识的3万倍以上，由此可见潜意识的力量之大。除此之外，还可以用以下方法，让自己的心态永远保持积极的巅峰状态。

方法1 多做一些记忆游戏

现在社会由于网络的普及，信息资讯高度发达，随便在网上都可以搜索到许多提升记忆的游戏。我最喜欢玩的一款游戏就是“记忆连连看”，它不光可以训练大脑瞬间捕捉图像的能力，还可以提升注意力，有兴趣的朋友可以试一试。

方法2 有时间多出去旅行

在紧张工作之余，抽点时间到郊外跟大自然亲密接触，也是放松自己的好方法。每当来到原野、漫步海边或走进森林的时候，总感到那里的空气特别新鲜，浑身充满了轻松的感觉，同时，旅行还可以增长自己的见识，拓展自己的视野，锻炼自己的应变能力。

方法3 学会爱与感恩

什么是爱？《圣经》上说，爱是恒久忍耐。爱还是慈悲，是等待，是祝福，是放手。 爱是恒久忍耐，又有恩慈。爱是不嫉妒。爱是不自夸，不张狂，不做害羞的事。不求自己的益处。不轻易发怒。不计算人的恶。不喜欢不义，只喜欢真理。凡事包容，凡事相信，凡事盼望，凡事忍耐，爱是永不止息。

那感恩呢？感恩也是爱的一种表达方式，古人说：“万事发生，必有因果，必有助于我。”这就是感恩的最好注解。人生没有失去，只有学到，虽然表面上看是失去了，实际上你却学到、得到了经验。如果我们常存感恩之心，把爱传递给每一个人，那我们人生中的积极情绪就会长盛不衰。

方法4 懂得空杯归零

跟大家分享一个故事：古时候有一个佛学造诣很深的人，去拜访一位德高望重的老禅师。老禅师的徒弟接待他时，他态度傲慢。后来老禅师恭敬地接待了他，并为他沏茶。可在倒水时，明明杯子已经满了，老禅师还不停地倒。他不解地问：“大师，为什么杯子已经满了，还要往里倒？”大师说：“是啊，既然已满了，干嘛还倒呢？”禅师的意思是，既然你已经很有学问了，干嘛还要到我这里求教？他恍然大悟。这就是“空杯归零”的起源，象征意义是，做事的前提是要有好心态，如果想要获取更多的知识、技能，获得更大的成就，必须定期给自己的内心清零。

“空杯归零”并不是一味地否定过去，而是要怀着放空过去的态度，去融入新的环境，对待新的工作、新的事物，乐于接受新的学习方法。在记忆力和思维能力训练课程中，这一点更加重要。因为每一个人在人生成长中，都形成了自己独特的记忆方式和思维习惯，如果不懂得空杯归零的话，这些记忆力和思维能力训练课程对你来说是毫无帮助的，因为我们的记忆力和思维能力训练课程是一次打破常规思维的训练课程，必须从开始就保持一颗平常心，一切从“零”开始。只有这样，才能充实自己，提升自己，最终令自己受益。

最后一点，遇到问题要立刻解决，这是很多记忆力和思维能力初学者必须注意的关键。在记忆力和思维能力课程训练中，你肯定会或多或少遇到一些问题，遇到问题了就要立刻解决，我跟学员一直强调的就是：今日问题今日必须解决掉，也就是今日问题今日毕，否则的话，你未解决的问题累积越多，大脑就会被越来越多的问题困扰，到最后你就完全失去信心，甚至放弃提升自己的记忆力和思维能力。

如果你在练习的过程中遇到了问题，你可以写邮件给我，我会尽最大的努力协助你解决在训练过程中遇到的困扰。我的邮箱是：lzh882950@163.com。

画重点

⊕多湖辉曾经做了一个专门研究“自信与记忆、思维关系”的实验证明，自信心影响着一个人记忆力的发挥。

⊕“空杯归零”并不是一味地否定过去，而是要怀着放空过去的态度，乐于接受新的学习方法。

⊕遇到问题要立刻解决，这是很多记忆力和思维能力初学者必须注意的关键。

第三节　三种记忆模式

科学家通过对大脑的研究，根据遗忘由快到慢的时间点，把记忆分为三类：即时记忆、短时记忆、长时记忆。

类别一　即时记忆

又称为瞬间记忆，大多数时间，80%以上的人都不会特别注意它，但是这种记忆方式又常常出现在生活当中。现在这个科学技术和信息资讯高度发达的社会导致我们的大脑越来越钝化，现在已经很少有人去记朋友或者客户的电话号码了，你对每个电话号码的记忆只维持到接通电话的时候，电话打完，又忘记了。还有我们走在马路上，看到的建筑物、风景、车流，听到的各种声音，这些都是以即时记忆的形式进入我们大脑之中的。只要不是对自己特别有利的，或者特别引人注目的特殊事件，我们都会很快遗忘，因为大脑没有把这些信息进行有意识地加工，所以在即时记忆中，旧的信息经常会因为新信息的加入而成为“牺牲品”，这是正常的，我们把这种遗忘叫作正常遗忘。

类别二　短时记忆

短期记忆是迈向长期记忆的一个中转站。短期记忆把我们要记忆的内容有意识地进行加工后存储，并为长期记忆做好准备。如果要把即时记忆的内容进行长期记忆的话，也必须经过短期记忆才能完成。我们每个人都有短时记忆的经历。最典型的莫过于期末考试前5~10天，几乎每个同学都会抱起书本把内容突击记一遍，期待在考试的时候有个好的发挥。一旦考试完毕，这些记住的内容又几乎消失不见了。为什么呢？因为短时记忆的容量有限，没有真正地巩固到大脑中，只是把印象加深了一些而已。通常这样的记忆能保持5~10天就已经很不错了，而且短时记忆很容易出现一个现象：舌尖现象。

什么是舌尖现象呢？很多人在考试或者演讲中都有过这样的经历：一些平时很简单很熟悉的字、单词或公式、讲话资料等到了嘴边就是无法记起，考试或演讲结束却突然记起。心理学上称这种特殊现象为记忆的“舌尖现象”，意思是回忆的内容到了舌尖，只差一点，就是无法记起。考试或者演讲中出现舌尖现象时，不要惊慌失措，也无须绞尽脑汁去苦苦思索，否则会造成恶性循环。如果是在考试中，这时可以闭上双眼，做几下深呼吸，然后想象自己在平时熟悉的教室中学习的情景，手中仍是那熟悉的书本，仿佛仍听到熟悉的老师在眼前讲课。进入课堂情境的“角色”后再思考，“舌尖现象”就有可能突然被攻克。实在想不出时，可暂时跳过去解答下一题，缓解一下自己的情绪。

出现舌尖效应最主要的原因是采用死记硬背，使知识点或者资料联结不牢固，人一旦处于紧张的状态就会出现。舌尖现象仅是记忆的一种特殊现象，不属病态，无须为此担心。

类别三　长时记忆

长时记忆的信息容量非常大，因为是长时记忆，故所记忆的资料都能在这里有效地得以长期保存。但长时记忆并不等于长期记忆，也会随着时间的流逝而发生一定程度的变化。

长时记忆和短时记忆最大的区别主要体现在对记忆材料的提取上，长时记忆由于采用了记忆方法和思维能力的组合，大脑对长时记忆的处理和提取速度非常快，常常给人一种记忆犹新的轻松感。要形成长时记忆，就必须把即时记忆通过短时记忆转化成长时记忆。但更多的人都无法知道怎么转换，为了帮助你更清楚地了解这一转换过程，请看上页图所示。

画重点

⊕即时记忆又被称为瞬间记忆，这种记忆方式常常出现在生活当中。

⊕由于采用死记硬背，知识点或者资料联结不牢固，人一旦处于紧张的状态就会出现舌尖效应。

⊕要形成长时记忆，就必须把即时记忆通过短时记忆转化成长时记忆。

第四节　克服遗忘的关键

在记忆的过程中，有一个魔咒一直会困扰着我们，这个魔咒就是遗忘。所谓遗忘，就是随着时间的推移，记忆的内容慢慢地变得淡薄了，最后一直淡薄到无论怎么提示或者暗示都想不起，因为它已经消失不见了，这就是遗忘。为了让记忆的资料长久地保持在智力仓库里，我们唯一能做的一件事情就是：克服遗忘，将遗忘最小化。

（1850—1909）

在这里，不得不谈谈艾宾浩斯这个人。艾宾浩斯是德国著名的心理学家，他是通过实验方法研究遗忘规律的第一人。

艾宾浩斯进行了为期一个月通过采取机械记忆法熟记13个由2个辅音与1个元音构成的无意义音节的实验，记录下了不同时间间隔自己能记忆起的音节数，首次发现了大脑遗忘的规律，由此绘制出了著名的艾宾浩斯遗忘曲线。而后他又根据不同的材料对比实验，得出了不同性质材料的不同遗忘曲线，并在1885年公开发布（见后下表），由此真实再现人脑的遗忘过程，拉开了研究记忆的新篇章。

时间间隔	记忆量
刚刚记忆完毕	100%
20 分钟之后	58.2%
1 小时之后	44.2%
8~9 个小时后	35.8%
1 天后	33.7%
2 天后	27.8%
6 天后	25.4%
1 个月后	21.1%

完全记住资料后在不同时间间隔的记忆量

下面这条全世界公认的艾宾浩斯遗忘曲线纠正了人类关于遗忘机理的一贯错误认识。根据下面的曲线来看，遗忘的规律是不均衡的，遵循着对数曲线的变化规律，由快到慢，最后逐渐减慢。艾宾浩斯还同时提出，某些因素可以影响遗忘，比如采用一些记忆法，或者说是学习方法。经过长期的研究，他还发现了最大化记忆的最好方法就是定期复习，直到“过度学习”为止。

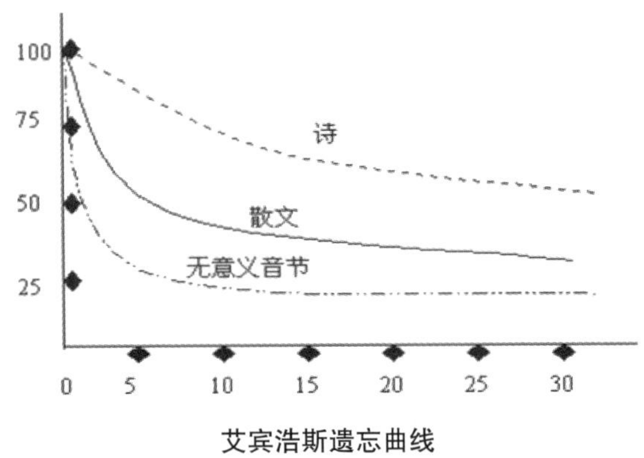

艾宾浩斯遗忘曲线

那怎么样复习才能达到事半功倍的效果呢？下面介绍给大家几个复习的关键要点：

Point 1　不翻书复习

在复习的时候不能翻书，直接在大脑里把要复习的资料像放电影一样过一遍。如果中途有遗忘，不要管它，继续往下复习，直到把整个资料复习完，再回想刚才遗忘的部分，有可能就能轻松想起遗忘的是什么内容了。如果这次还是回不起来，不要着急，放轻松，深呼吸一下，翻开书，运用记忆方法重新记一下刚才遗漏的内容，和前后的知识点联系记忆，这是保持记忆的最好方法。

Point 2　找到自己最佳的复习时间

根据人的生物钟来看，最佳的黄金复习时间是睡觉前及睡觉醒后1小时，这个时候是一天中头脑最清楚、杂念也最少的时候，把这两段黄金时间用在复习上，就犹如把好钢用在了刀刃上。这种睡前醒后复习法是有科学依据的，根据心理学的研究，人们学习的知识会受到以前记忆的内容的影响，也会受到以后学习内容的干扰。一天之中，中午复习效果最差，晚上和早上较好。因为早上复习，较少受以前学过的内容的影响，而晚上复习则可在较长一段时间不受以后学习内容的干扰，更便于学习的资料在大脑中存储。

Point 3　复习时运用恰当的时间间隔

根据艾宾浩斯遗忘曲线，如果记忆后20分钟不复习的话就遗忘了41.8%，8～9个小时就遗忘了64.2%，直至1个月后遗忘了78.9%，也就是虽然你花了很长的时间和精力，由于没有有效地运用复习的时间间隔，最后变得一点儿效率都没有。

为了形成长期的记忆，我把从这么多年教育实践总结出的一种非常有效的间隔复习方法分享给大家，这个方法叫“3-5-1-3-5-1六步复习时间法”。具体的运用是，当我们对资料形成有效的记忆后，在3小时之内必须不翻书复习一遍，5小时之内再复习一遍，10小时之内再复习一遍，3天之内再复习一遍，5天之内再复习一遍，10天之内再复习最后一遍，经过这6次复习后，长时的记忆就没有问题了，也就是说，在这个时候你已经形成了长期记忆。

画重点

⊕艾宾浩斯经过长期的研究，发现最大化记忆的最好方法就是定期复习，直到“过度学习”为止。

⊕人们学习的知识会受到以前记忆的内容影响，因此一天之中，中午复习效果最差，晚上和早上较好。

⊕“3-5-1-3-5-1六步复习时间法”是一种非常有效的间隔复习方法，有助于形成长期的记忆。

第五节　增强记忆力的三大黄金思维模式

在训练课程中，我会出一个思维能力的训练题，现在你也来做做这个练习，让你的创造性思维发散一下。每次我都会问我的学员字母“O”可能是什么？尽管我已经告诉你了这是字母“O”，但是现在要开动你的大脑，发挥你的创造力和想象力，看看“O”还可以是什么？想得越多越好，想出来了请写在下列横线上，至少写出20种。

你所想到的“O”的答案：

1. ________________ 2.________________

3.________________ 4.________________

5.________________ 6.________________

7.________________ 8.________________

9.________________ 10.________________

11.________________ 12.________________

13.________________ 14.________________

15.________________ 16.________________

17.________________ 18.________________

19.________________ 20.________________

你写出来了多少种？现在我给你一些参考答案。

由字母“O”可以想象的东西很多。它可以是气球，可以是地球，可以是圆圈，可以是零，可以是鸡蛋，可以是窗户、脑袋、宇宙、面包圈、铁环、杯口、碟片、画框、汽车轮胎、眼镜片、灯罩、方向盘、帽子、飞碟……

只要开启你的大脑思维，就可以对这个简单的字母“O”做出多种多样的另类思维发散。而你以往看见的那些记忆天才跟我们最大的区别就是思维能力不一样，记忆天才们的超级思维主要体现在以下三大黄金思维模式：

黄金思维模式1　善用图像

图像能够清晰地表达我们的思想，可以灵活地把所要记忆或者展示的资料呈现在大脑里，直观又有冲击力。这也是很多自认为记忆力和思维能力非常差的人，一旦经过图像思维训练之后，都有了质的飞跃的原因。“一图抵过千言万语”就是这个道理。图像思维不但可以很轻松地记忆资料，还能在复习和回忆的时候使资料变得更加清晰。

黄金思维模式2　善用比喻

运用比喻可以把陌生的东西变为熟悉的东西，把深奥的道理浅显化，把抽象的事理具体化、形象化。善用比喻可使事物生动形象具体可感，在记忆的过程中可以产生联想和想象，给大脑以鲜明深刻的印象，从而加快记忆的速度。

黄金思维模式3　善于建立联系

什么叫作善于建立联系？答案就是：有关系找关系，没有关系，强迫建立关系。说起来很简单，但是对于没有经过记忆力和思维能力课程训练的人来说，还是有点难度的。难度之一就是不知道怎么建立联系。

建立联系的三个要点就是：联结、转接、跳跃。什么是联结？香蕉和梨子就叫联结，是同类方向进行建立联系。什么是转接？香蕉和水果刀就叫转接，是不在一个层面上的纵向逻辑思维联结。什么叫跳跃？香蕉和游泳就叫跳跃，这是一种发散的联结，打破常规，任意地发散，只要你自己认为能建立联系就可以了。

当我们能够迅速掌握这三大黄金思维模式，不仅可以让我们获得超强的记忆力和思维能力，而且还能够激发我们的潜意识，让我们创造出更多的可能。

画重点

⊕善用图像、善用比喻、善于建立联系是记忆天才们的超级思维模式。

⊕一图抵过千言万语，图像思维不但可以很轻松地记忆资料，还能在复习和回忆的时候使资料变得更加清晰。

⊕联结、转接、跳跃是建立联系的三个要点。

第三章

打破思维定式

第一节 一切从联想发散开始

法国生物学家贝尔纳说过：妨碍学习的最大障碍，并不是未知的东西，而是已知的东西。其实他讲的就是思维定式的问题，思维定式就是思维形式化。

“联想”一词进入记忆领域是17世纪中叶，由英国人霍布斯·洛克为代表的“联想主义”心理学派引入。古希腊人认为，提高记忆力和思维能力的方法最根本的原理就是：依靠自己的联想。一个人的联想能力与记忆力和思维能力有非常大的关联性。如果一个人具有十分活跃的联想能力，那么他必定具有强大的记忆能力和思维能力。

我们前面讲过了左右脑分工的原理，左脑负责处理文字、数字、逻辑、推理等抽象思维，右脑负责处理图像、声音、韵律、情感、动作等形象思维。根据这样的特点，在记忆力和思维能力训练课程中，我们就要把左脑的抽象思维记忆转化成右脑的形象思维记忆。

为什么呢？这样能增加我们记忆的容量。在平时运用抽象思维来记忆的时候，我们总是在寻找资料中的逻辑，比如要背诵一篇文章，我们总是被左脑指挥着不由自主地去寻找和分析上下两个句子或者上下两个段落的逻辑关系，一旦找到逻辑关系，我们就能从上面的句子推断出下面的句子，由上面的段落推断出下面的段落，直到把整篇文章背诵下来为止。但由于这种记忆方式由逻辑思维所主导，所以我们处理的方式就是按部就班地死记硬背，不光是速度慢，而且遗忘得比较快。

而右脑形象思维记忆则不同，它是以图像、声音、音乐等载体存储的记忆。这种效果就好得多，而且记忆的牢固度也会强很多。例如，我们看过了一部电影，几乎能复述这部电影70%的内容，对比一下，看过一本书后，你能复述70%的内容吗？不能，能复述20%就已经很不错了。

造成这两种结果最大的关键是你有没有运用右脑思维记忆。看电影听到的是声音、看见的是图像画面，而音乐和图像可以对我们右脑产生最直接的刺激和思维的发散，而书籍呢，就是单一的文字，对大脑几乎没有什么刺激和发散。如果要记住一本书70%以上的内容，那就必须转换方式，运用右脑形象思维把文字内容联想成图像、声音等，然后像电影一样刻录进大脑，大脑经由这些画面建立起一个网络，提高我们大脑的容量，轻松实现高效记忆。

画重点

⊕妨碍学习的最大障碍，并不是未知的东西，而是已知的东西。

⊕如果一个人具有十分活跃的联想能力，那么他必定具有强大的记忆能力和思维能力。

⊕在记忆力训练课程中，我们要学习把左脑的抽象思维记忆转化成右脑的形象思维记忆。

第二节　联想发散能力的三个关键要点

联想的能力每个人都能轻松掌握，在联想的过程中，你必须掌握以下三个关键要点：

Point 1　夸张夸大

我相信大家在生活当中都遇到过或者曾经使用过夸张夸大的方法。在很多的电视广告中，为了体现产品的功能、效果，这种手法经常采用。如果把夸张夸大用在记忆资料的过程中，就能在我们的大脑里产生深刻的印象，因为可以让记忆的东西或者资料等变得新颖独特、生动形象、奇特鲜明。即使是常人觉得最难记忆的材料，只要运用夸张夸大这一方法进行加工过后，都会产生鲜明的形象存储在大脑里，让人印象深刻。

我们现在以蝌蚪、冰箱、沙发、熊猫、插座、花瓶、青菜、圆桌、垃圾桶这些词汇来说明。如果只是读一遍，我相信你几乎很难在大脑里形成一个完整的印象，但运用夸张夸大的方法，你的大脑就会立刻作出反应。例如，蝌蚪：一群黑压压的蝌蚪在水里游来游去；冰箱：堆得像几层楼一样高的冰箱；沙发：一条街上堆着像小山一样高的沙发；熊猫：竹林里全是吃竹叶的熊猫；插座：你正踩在一堆插座上面；花瓶：花瓶“啪”的一声打碎了；青菜：你去菜园里面摘了一篮子青菜；圆桌：你躺在几十张圆桌上；垃圾桶：你用手去掏垃圾桶，手上沾满了很恶心的垃圾。这样一夸张一夸大是不是感觉就不一样了？

Point 2　生动鲜明

很多家长说，我儿子一看动画片就精神百倍，可一看书，就呵欠连天、一副睡不醒的样子。为什么动画片能让孩子精神抖擞？是因为动画片的人物随着剧情的发展越来越生动鲜明，孩子的兴趣当然就直接被点燃了。

在记忆力和思维能力提升训练课程上，我们也经常用这个方法教学。比如背诵古诗和课文，我们会要求孩子根据自己的理解把古诗和课文绘成一幅有情节的图画，只要孩子绘画结束，基本上古诗和课文就背诵完了。很多家长看了我们的教学后，都直呼神奇，其实原因很简单，生动鲜明的图画当然比呆板的文字更能吸引大脑的注意，更能帮助孩子记忆并打开思维。

Point 3　诙谐有趣

为什么要诙谐有趣？我想大家一定都看过笑话，而且看完后就可以把笑话轻松地复述。为什么呢？原因就在于笑话是诙谐有趣的。

对于一个30多岁的人来说，3天时间死记硬背《道德经》简直是要命的事情，但运用正确的记忆方法，采用诙谐有趣的原则，一切迎刃而解。

比如《道德经》第十八章的原文：大道废，有仁义；智慧出，有大伪；六亲不和，有孝慈；国家昏乱，有忠臣。我是这样辅导记忆的：大刀废了（大道废），有人医（有仁义）；智慧很粗（智慧出），有大尾巴（有大伪）；六个亲戚都不和睦（六亲不和），有药吃（有孝慈）；国家很昏乱（国家昏乱），有忠臣。

你试试看，这样是不是好记了很多？

那如何提升和训练自己的联想发散能力呢？我们就从发散思维能力训练开始吧。

画重点

⊕夸张夸大、生动鲜明、诙谐有趣是联想发散能力的三个关键要点。

⊕即使是最难记忆的材料，只要运用夸张夸大这一原则进行加工过后，都会产生鲜明的形象存储在大脑里。

⊕根据自己的理解把古诗和课文绘成一幅有情节的图画，只要绘画结束，基本上古诗和课文就背下来了。

第三节　培养观察力，训练发散思维

发散思维的英文是divergent thinking，也有一些学者称其为辐散思维、求异思维。发散思维是不依常规，寻求变异，对给出的材料和信息从不同角度、向不同方向、用不同方法或途径进行分析和解决问题的一种思维方式，是一种非常重要的创造性思维。

心理学研究表明，创造性思维既非与生俱来，也不是少数成绩好的尖子生所特有的。研究发现，85%的创造性，只需要具有中等或中等以上的智力。因此，在生活和学习中，经常进行发散思维能力训练，就可以让我们的思维变得流畅、多端、灵活、新颖和精细，从而更大程度地提升我们的创造性。

有一道智力测验题："用什么方法能使冰最快地变成水？"一般人往往回答要用加热、太阳晒等方法，但如果用发散思维，答案是"去掉'冰'字偏旁两点，就变成水了"。这就打破了思维定式，拓宽人们的想象边界了。

美国心理学家戈尔曼认为，影响一个人成功的诸多因素中，智力因素仅占20%，而非智力因素等要占80%。培养发散思维能力、激发创造性是给自己提供一个能充分发挥想象力的空间与契机，让自己也有机会"天马行空，异想天开"。要知道，发散思维是产生创造力的不竭源泉。我国著名教育家陶行知先生说得好：处处是创造之地，天天是创造之时，人人是创造之人。但每个人的创造性存在很大差异，其中的关键就是培养。培养观察力就可以训练自己的发散思维能力。

观察力是大脑多种智能活动的一个基础能力，它是思维和记忆的基础。进化论的奠基人达尔文曾对自己有过这样的评论："我既没有突出的理解力，也没有过人的机智，但我有在众人之上对事物进行细致观察的能力。"正是由于他这种在众人之上的观察能力，1809~1882年，他以博物学家的身份，参加了英国派遣的环球航行，进行了5年的科学考察，在动植物和地质方面进行了大量的观察和采集，经过综合探讨，形成了生物进化的概念，于1859年出版了震动当时学术界的《物种起源》。恩格斯将"进化论"列为19世纪自然科学的三大发现之一。

把观察力运用在记忆的过程中就好比把存款存入银行的存款机一样，观察力可以把需要记忆的材料用右脑思维深深地储存在我们大脑里。大脑对材料储存的细节越多、越仔细，说明观察的能力越强，在记忆的时候发散思维的能力就越强。

但是，由于每个人观察的态度与方法及侧重点是不一样的，自然而然，观察后得到的结果就不一样，结果不一样，当然产生的发散思维也就不一样。比如一个普通的人被一个从树上掉下来的苹果砸中了脑袋，大多数的人都会觉得自己运气不好，自认倒霉，而牛顿被苹果砸中了脑袋，在对此进行了仔细的观察和思考后，终于发现了影响世界的万有引力定律。瓦特因为对水蒸气顶起水壶盖的现象仔细观察，最终改良了蒸汽机。

在记忆力提升训练过程中，为了培养自己敏锐的观察力，可以经常做一些小的练习训练自己的观察力。在生活中，随时随地都有机会进行增强观察力的练习，以下方法都是非常有效的：

1. 走在街道、公园或者旅游景点时，我们可以边走边说出周围的花草树木、颜色、方位。

2. 看看身边匆匆而过的行人，当他从自己视线里消失后立刻回想他的衣服、裤子、鞋帽的款式、颜色，身高、胖瘦以及身体最明显的特征等。

3. 经过商场时，迅速把货架上的商品扫视一遍，等走出商场后，仔细回忆货架上的每一件物品，越多越好，越仔细越好。

4. 如果你实在不愿意出门，那你可以在电脑上玩一款游戏——大家来找茬，这对培养自己的观察力和视觉分辨能力是非常有帮助的。

5. 当你读完一篇文章后，试着把读到的情节用自己的语言将其中的场景进行复述。

6. 看到电视新闻或者网上对人有启发的故事尽可能地用场景描述的方式讲给朋友或者身边的人听。

7. 看完一部电影或者一集电视连续剧后，不妨把里面的场景尽可能详尽地讲给身边的人听。

以上的观察力训练方法，我把它叫作“场景再现”训练法。其实在我们生活当中，运用“场景再现”训练观察力的机会很多，关键在于你是否会利用它。这种方法不仅可以培养我们的观察力，更能提升思维发散能力并增强自我表达能力，练得越多，你就会发现自己的观察能力越来越棒。

如果你能够把观察力运用在记人的名字上那就更好了。如果我们某一天认识了一个重要的人，那就必须记住他的名字，因为记住一个人的名字就是对他最大的肯定，所以当你认识了一个新的朋友并接到他的名片后，你就必须快速地观察他，记住他最明显的特点，晚上睡觉时，闭上眼睛再回想一下他的名字和特征，让他的音容笑貌都深深地刻在你的脑海里面。你大脑里储存的人名越多，你的人际关系就一定会越好。

画重点

⊕观察力是大脑多种智能活动的一个基础能力，它是思维和记忆的基础。

⊕运用“场景再现”训练可以培养我们的观察力，更能提升思维发散能力并增强自我表达能力，。

⊕把观察力运用在记人的名字上最恰当不过了。

第四节　激发想象力，训练发散思维

哲学家狄德罗说，“想象，这是一种特质。没有它，一个人既不能成为诗人，也不能成为哲学家、有思想的人、一个有理性的生物、一个真正的人。”想象力是人不可缺少的一种智能，是人的生活中不可缺少的智慧。如果一个人拥有十分丰富和活跃的想象力，他一定具备强大的记忆力，因为良好的记忆力与强大的想象力紧密相连。

为了证明想象力的威力，国外的研究人员专门进行了一系列的研究，其中一个非常有名的例子就是“改进投篮技巧”的实验。科研人员将参与实验的篮球运动爱好者分成三组，在实验前一天，分别记录了每一组的投篮成绩，第一组在20天里每天练习20分钟的连续实际投篮；第二组在20天里不做任何练习；第三组每天前10分钟做实际投篮练习，后10分钟做想象中的投篮，如果想象中的投篮不中时，必须在想象中纠正自己的投篮练习，直到投中篮筐为止。

第21天的时候，科研人员分别要求每组球员进行实际投篮，将记录的投篮成绩和实验开始前一天的成绩对比后发现：第一组的成绩是进球率增加了24%；第二组的成绩因为没有参与练习，没有任何进步，甚至还有所下降；第三组的成绩增加了26%，比第一组球员的进步更快。由此可见，想象力的作用是多么强大。

爱因斯坦曾经说过：想象力比知识更重要，因为知识是有限的，而想象力概括世界上的一切，推动着进步，而且是知识进化的源泉。拥有非凡的想象力是人类比其他物种优秀的根本原因。但在目前的中国式教学中，不少人在寻求“唯一正确”答案的影响下，往往是受教育越多，思维越单一，想象力也越有限，以至于到最后都变得没有想象力了，或者不敢想了，这是一个非常可怕的结果。因为在现在社会中，任何人要取得成功，都需要不断地开拓创新，如果在这过程中没有想象力的融合就很容易会遇到“思维枷锁”，阻碍新思维、新方法的构建，也阻碍新知识的吸收，同时也会阻碍社会的进步。

就记忆力和思维能力提升训练来讲，在进行想象力训练的时候无须让自己的想象符合逻辑，也不必担心自己的想象过于大胆，或者有些愚蠢，只需要把想象中的形象清清楚楚地刻画在脑海里，尽可能地把想象中的图像、动作、旋律等与不同的事物有效联系起来就好。这样通过想象力就可以把自己要记忆的知识要点充分地调动，产生一种比死记硬背好很多倍的新的思维活动。那想象力训练的具体方法有哪些呢？我在这里跟大家分享几种：

方法1　梦境想象法

在脑海里回忆自己的梦境，不管是美梦还是噩梦都可以。按以下的线索进行回忆：梦是彩色的吗？在哪里发生的？有哪些人？当时发生了什么事情？你的心情如何？假如你对做的梦已经模糊了，那就请你做个白日梦吧，天马行空，任意发挥，将白日梦发挥到极致。

方法2　读图想象法

对你生活或者工作当中遇到的每一幅图片，按以下步骤开始想象：从这张图中，你看到了什么？这张图这样做是为什么？如果图片上有人或者动物，请在自己的脑海中想象：这些人是谁？他们在干什么？这是在哪里？是什么时候呢？发生了什么事情？你还能想象到什么样的情景？请仔细看图，充分挖掘图片里的信息，然后闭目想象，越生动越好。

方法3　物体想象法

请把生活中任意两样或三样东西随意组合在一起，试试看能创造出什么新东西呢？发挥你的想象力吧，任何东西都可以放在一起。请在大脑里想象这个新东西是什么样子的，会有什么样的新功能呢？这种新功能能给我们带来什么样的改变呢？

方法4　听觉想象法

听一首你喜欢的歌或者一篇有声散文，带着感情反复听几次，让自己投入音乐或者散文当中去，然后关掉声音，闭上眼睛回想，让动听的曲调或者散文的内容在你的脑海中回荡……

方法5　嗅觉想象法

请找来一个水果，闻一闻水果的香气，再用小刀把水果切成两半，用鼻子深深地闻一闻，感受一下水果切开后的味道，然后张开嘴咬一口。这时候，请闭上眼睛，体会嘴巴里面水果的味道和水果香味弥漫全身的感觉。

方法6　词句想象法

词句想象法就是利用右脑的创造力把一些随机写出来的词语或者句子用图像串联起来，成为一个生动有趣的场景。比如我们随机写了这些词语：鞋子、布娃娃、冰箱、沙发、苹果、猪八戒、鼻子、铅笔、太阳、洗衣机，运用词句想象法串联起来就是：一双漂亮的鞋子被布娃娃塞进了冰箱里后，却发现沙发上的苹果被猪八戒用鼻子顶住，铅笔砸坏了太阳下的洗衣机。这样一串联就把一些毫无规律的词语演绎成了一个有趣的场景，是不是很有想象力？

画重点

⊕如果一个人拥有十分丰富和活跃的想象力，他一定具备强大的记忆力。

⊕在进行想象力训练的时候无须让自己的想象符合逻辑，也不必担心自己的想象过于大胆，或者有些愚蠢。

⊕梦境想象法、读图想象法、物体想象法、词句想象法都是想象力训练的具体方法。

第五节　注意力训练

法国生物学家乔治·居维叶说：“天才，首先是注意力。”心理学家经过研究证实发现，一个没有经过训练的人注意力的集中度一般都不会超过20分钟。那是什么原因导致正常人的注意力很容易分散呢？经过十多年的教学及对学员的研究发现，注意力不集中的原因主要分外因和内因两类。

外因：就是外部对个体形成的干扰，比如噪声、对话、不舒服的椅子和桌子、不合适的灯光、电视、工作、家务、网络、电子邮件等。外因在已经踏上工作岗位的朋友身上出现比较多。

内因：主要是个体自身的因素，比如饿了，累了，病了；对所做的事情没有动力，感到厌烦，没有兴趣；对环境焦虑，无法面对学习和工作的压力和烦恼；还有对自己或者环境的一些消极想法以及一些不切实际的白日梦等。

如果在学习的过程中，不把分散的注意力集中起来，再聪明的人也不一定能记住很多学习资料，漫不经心、视而不见、听而不闻是记不住的。还有很多的人记忆资料的时候，既不是特别专心，也不是很分心，记得住多少算多少，完全处于心不在焉的自发状态，这样无法发挥大脑的记忆潜能，当然就不能提高学习效率了。如果你的注意力太容易分散的话，一定要对自己出现的问题进行有针对性的注意力训练，常见的注意力训练方法有以下几种：

方法1　固点凝视法

固点凝视法能让视觉集中能力最大限度发挥，从而最大限度地增强我们的注意力。纪昌学箭的故事其实讲的就是用固点凝视法来提升注意力。那我们怎样进行固点凝视训练呢？

1. 找一张无折痕的白纸，用黑色的笔在白纸上画一个直径0.5cm大小的圆点。

2. 找一个坐着舒服的姿势，让自己全身的肌肉自然放松，嘴巴轻轻合上，自由地呼气和吸气，两眼睁大，双手举起白纸和眼睛平行，让黑点和眼睛相隔30cm左右。

3. 凝视白纸上的黑点2分钟，尽量不要眨眼睛。

4. 2分钟以后，两眼迅速望向白色的墙壁，看看墙壁上是否会出现一个白色的圆点，如果出现，让白色的圆点在墙壁上保持的时间越长越好。如果没有出现白色的圆点或者出现的时间只有短短几秒钟的话，请你务必每天坚持重复以上的步骤进行训练。

5. 每天早、中、晚各训练一次，大约经过一周的训练后，你就能把白色的圆点保持3~4分钟，这时候，你的注意力就有了很大的提升，如果希望效果更好，继续坚持练习就好。

方法2　静坐冥想法

静坐冥想从古代就有，所谓静坐冥想法，就是在意识十分清醒的状态下停止意识对外的一切活动，达到“忘我”的一种快速提升注意力的心灵净化体操。冥想可以让一个情绪焦躁的人平静，自发而有意识地让声音传到右脑，这样他的脑波自然会转成脑动力波。当脑波呈现为脑动力波（特别是中间脑动力α波）时，会让一个人的注意力大幅度提升，这就映照了一个词语：宁静致远。

当注意力保持稳定时，你的意识也同样会保持稳定，不会被那些突然闯入感知空间的事物所牵引或者劫持，能稳稳地定住，不会动摇。同时也让想象力、创造力以及灵感源源不断地涌出，并产生一种轻松愉悦的感觉。因此，通过正确的静坐冥想强化自己对注意力的控制是优化和重塑大脑的最佳方法。

要学会静坐冥想其实很简单，只要按照下面的步骤进行练习，你很快就能掌握了。

1. 选一个让自己舒服的姿势坐好，传统的姿势是席地盘腿而坐，两手自然交叉放在胸前。假如觉得这样坐不舒服，还有许多其他姿势，比如仰卧，坐在自己的腿肚子上或直背椅子上等。

2. 挺直脊背，可以想象自己的头被一根绑在天花板上的绳子吊着。

3. 闭上双眼，用鼻子深深且缓慢地吸气，让肺部充满空气，腹部和整个胸腔因而扩张，屏息4秒钟或更久，让自己享受这种吸入新鲜空气的感觉，然后用鼻子或嘴缓缓呼气，到接近呼完就把腹肌收缩，将腹部所有气体排空。当你吐气时，感觉自己释放出所有的忧虑、挂念、紧绷的情绪和压力。

4. 冥想自己心灵深处有一汪蓝色的湖泊，湖泊平静得没有一丝涟漪。湖泊岸边，长满了花草树木，花草树木的影子倒映在湖泊里，色彩斑斓， 十分清晰。再想象一朵朵美丽的牡丹花的影子在心灵湖泊上倒映出来，粉红的花瓣、细嫩的花蕊上点缀着金黄色的花粉。想得越逼真、越细致，心情便越沉静，注意力就会越来越好。也可以试着把周围的声音和冥想结合，如倾听到钟表嘀嗒嘀嗒的声音，可以把这声音想成雨水滴在心灵湖泊上所发出的声音，每滴一下，湖泊上便溅起一丝涟漪。你还可以一边倾听，一边数着这雨滴的数量，1，2，3，4，5……当数到100的时候，睁开双眼，你会觉得心情异常平静，通体舒畅，注意力特别集中。

每天这样冥想2次，每次2~3分钟，能有效控制精神涣散，收拢浮躁的心。经常这样训练，形成习惯，注意力会越来越好。

方法3　舒尔特方格法

舒尔特方格法可以测量注意力水平，是全世界范围内公认的最简单、最有效也是最科学的注意力训练方法。舒尔特方格（Schulte Grid）的制作非常简单，就是在一张方形卡片上画 1cm × 1cm 的 25个方格，格子内任意填写阿拉伯数字1~25。测试时，要求被测者用手指按1~25的顺序依次指出其位置，同时诵读出声，施测者在一旁记录所用时间，数完方格中25个数字所用时间越短，注意力水平越高。在寻找目标数字时，注意力需要极度集中，把这短暂的高强度的集中精力过程反复练习，大脑的集中注意力功能就会不断地加固、提高。正因为其良好的效果，舒尔特方格广泛应用于飞行员、航天员的训练中。

如何评估舒尔特方格法的成绩呢？以 12~14 岁年龄组为例，读完25个数字在16秒以内为优良，学习成绩应是名列前茅；26秒左右属于中等水平，班级排名会在中游或偏下；36秒以上则问题较大，测验会出现不合格现象。如果你是 18 岁以上的成年人，最好可达到 8秒，20秒为中等程度，30秒则问题较大。请看下面的舒尔特25格表：

17	18	19	21	16
8	22	10	3	4
13	5	1	9	20
25	7	14	24	12
15	23	2	6	11

舒尔特25格表

不过我也要告诉大家，刚开始练习，达不到标准是非常正常的，切莫急躁。应该从25格开始练起，感觉熟练或比较轻松达到要求之后，再逐渐增加难度，千万不要因急于求成而使学习热情受挫。经过一段时间的练习，视野较宽、注意力参数提高较快的读者，为了避免反复用相同的表产生记忆，自己可以增加难度制作新的舒尔特表，规格大致为边长20厘米的正方形，1套制作10张表。可以从25格开始，待到25格不能满足自己的学习要求时，可以继续提高练习的难度，制作36格、49格、64格、81格的表（见下图例）。也可选用汉字，但一定要选择自己熟悉的文字。

32	16	13	19	28	25
36	17	33	29	2	24
8	34	27	30	7	15
9	21	18	20	10	12
35	11	14	23	3	6
5	22	26	31	1	4

舒尔特36格表

4	43	26	27	28	35	36
17	42	29	31	8	12	33
10	47	6	14	44	30	9
7	49	25	18	46	5	48
41	16	21	20	40	22	1
37	13	23	19	11	24	39
34	45	38	15	32	3	2

舒尔特81格表

在练习舒尔特方格法的时候，千万不要急于求成，一定要遵循下面的方法：

1. 保持腹式呼吸，眼睛距离表格30～35cm，视点自然放在表的中心。

2. 在所有字符全部清晰入目的前提下，按顺序找到1～25，A～Y，汉字应先熟悉原文顺序后找全所有字符，注意不要顾此失彼，因找一个字符而对其他字符视而不见。

3. 每看完一个表，眼睛稍做休息，或闭目，或做眼保健操，不要过分疲劳，以免给眼睛带来损伤。

4. 练习初期不考虑记忆因素，每天看10个表就好，循序渐进地增加难度。

只要按照以上步骤坚持练习舒尔特方格法，你就会感到注意力水平，包括注意的稳定性、转移速度和广度都有很明显的进步。

画重点

⊕一个没有经过训练的人注意力的集中度一般都不会超过20分钟。

⊕固点凝视法、静坐冥想法、舒尔特方格法是常见的注意力训练方法。

⊕舒尔特方格法对提高注意的稳定性、转移速度和广度有很好的训练效果。

第六节 构建联想能力的三种模式

一个人只要能正确地使用自己的大脑，突破思维的局限，就拥有了联想的空间，从而就能最大限度地开发自己的联想能力。一个人的思考首先就是从联想开始。当一个人的视觉、听觉、嗅觉、味觉和触觉受到外部信息的刺激时，大脑就会运用联结、转接和跳跃这三种模式同时将已知的信息和外部的信息进行有效的碰撞和对接，这种碰撞和对接会让我们的视野变得开阔，由此产生一些创造性的信息。

《优化你的大脑魔力》是我非常喜欢的一本书，尤其是书中的一个联想能力练习，更是我每次讲联想能力训练的时候都要借鉴的案例。这本书的作者叫希德·帕纳斯。他在一次培训中问他的读者们：如果我说4是8的一半，对吗？人们回答：对。随后他又说：如果我说0是8的一半，对吗？经过一段时间的思考后，几乎所有的人都同意这一说法，因为人们联想到了数字8是由上下两个0重叠而成的。然后他又问：如果我说3是8的一半，对吗？现场的人认为也可以看成把8竖着分为两半，就是两个3。然后他又说到2、5、6，甚至1都是8的一半。能否看出这些联系来，就看你是否拥有丰富的联想能力。只要你对现有信息打开自己固有的思维局限，进行有效的联结、转接和跳跃，你就会越来越惊叹自己的创造力。

联想是创造力的基础。我们中国人在古代创造了先进的科技文明，如影响世界的“四大发明”，但也因为近代史上大清王朝统治者思维的狭隘，引发了鲁迅先生的一句话：外国人用中国人发明的火药制造了子弹来打敌人，中国人却用来做爆竹敬神；外国人用罗盘来航海，中国人却用来测风水算命；外国人用鸦片来治病，中国人却当成饭来吃。所以，思维能力不一样，结果就不一样。要提升创造力，就必须提升联想的能力，在生活、工作、学习中就必须突破生活习惯、传统观念、定式思维、专家权威的意见、对困难的畏惧以及束缚我们作出反应的许多条条框框。寻求突破，就必须让我们的思维对已出现的事物进行联结、转接和跳跃到另一个或另一种同类的或者不同类的事物上。

在这里，我们以“玫瑰花”为例，通过创造力，对“玫瑰花”这个事物进行联结、转接和跳跃这三种模式所联想到的事物，通过下图展现：

模式1　联结

从上图中，我们很容易就发现联结规律，对事物的联结其实就是通过玫瑰花进行线性的联想，所有联想的东西都是跟玫瑰花同一个种类。没有超出“花”这一物种的层面。因为是线性的联想，人们总是习惯性地把相同类别的物体直接联系在一起。正是由于很多人习惯于这种固有的思维，因此极大地束缚了自己联想的空间，导致思维的狭隘。当然从逻辑思维方面来说，这种线性的联结其实也有它的好处，但是要提升记忆力和思维能力，我们就必须尝试着摆脱这种线性联结方式，才能让联想更加自由。

模式2　转接

从上图来看转接，跟联结的区别就很大了。转接出来的事物跟玫瑰花根本不在同一层面上，好像转了个弯一样。想到了种植玫瑰花的花农、种植玫瑰花用的花棚、扎上玫瑰花的花车、摆着玫瑰花的商场、卖玫瑰花的花店、种玫瑰花的土地、泡上有玫瑰花的花茶、用玫瑰花装点的婚礼等，虽然是纵向的思维，但是它们之间还是有紧密的关联性。这种转接的联想，提升了联想的宽度，让联想更加开阔。

模式3　跳跃

再说说跳跃，这个时候思维就变得无拘无束。我们可以横向、纵向天马行空地想象，不再受到逻辑的限制。从玫瑰花联想到金钱、跑车、航天飞机、死亡、中奖、奴隶、洗澡、房子、香水、昆虫等，只要你能想到的都可以。这种跳跃的联想跟玫瑰花看似没有任何关联，但它们之间其实是可以找到联系的。根据苏联心理学家戈洛万和斯塔林做的实验，任何两个概念经过四五个阶段就可以建立联想，我们按照前面说的“有联系找联系，没有联系强迫发生联系”这一方法，进行大胆的联想：

一个人在情人节那天靠卖玫瑰花赚了很多钱。

一个美女用玫瑰花装点自己的超级跑车。

宇航局给每一位在航天飞机的宇航员送了一枝玫瑰花。

一个人吻了一下玫瑰花后就被毒死了。

一个男生买玫瑰花，店主送了他一张彩票，这张彩票让男生中了500万元大奖。

奴隶因为一朵玫瑰花被奴隶主给残忍地杀害了。

花匠端来一盆水给玫瑰花洗澡。

房子的四周栽种着粉红色的玫瑰花。

香水大师用玫瑰花做成了一瓶香水。

一群又一群的昆虫飞过来停留在玫瑰花上。

……

画重点

⊕要提升记忆力和思维能力，我们就必须尝试着摆脱线性联结方式。

⊕任何两个概念经过四五个阶段就可以建立联想。

⊕转接的联想可以提升联想的宽度，让联想更加开阔。

第七节　提升联想能力的三种方法

通过前面所讲的联结、转接和跳跃这三种模式就可以很轻松地由一种事物联系到与之相似、相近和相关的事物。但是，如果要想让事物与事物之间发散的联想有跨越性就不要按照固定顺序去想，让思维跳跃着，不必遵循逻辑和某些思维的程式。自由度越大，联想就越丰富，构思也就越多。只有这样，大脑才能把我们要记忆的各种信息和资料相互连通，达到记忆的目的。

我在有一次上创意联想课的时候，教案PPT的第一页写着这样一句话：“当大风吹起来的时候，木桶店的店主就会多赚钱。”当时有许多同学都觉得这句话有点莫名其妙，他们觉得吹大风和木桶店赚钱是两个不同的概念，如果你也这样认为，那你就掉进了“固有思维程式”的死胡同里了。如果我们采用联想思维，打破思维局限就可以找到两者之间的联系：

当屋外大风吹起来的时候，沙石漫天飞舞，这会导致瞎子数量的增加，从而弹着琵琶说书的瞎子师傅就会增多，琵琶的需求量大增，越来越多的人就会用猫的毛来做琵琶弦，因此猫会减少，结果导致老鼠的数量越来越多，由于老鼠咬坏了每家每户泡脚的木桶，大家就会去木桶店采购新的木桶，所以木桶销量大增，店主就赚到很多钱了。

通过这样的创意联想，一环扣一环，大家就相信上述的结论了。那如何才能让我们拥有丰富的联想能力呢？我在这里提供三种练习方法，只要你坚持21天，你的联想创意能力一定会“思如泉涌”般流淌。

第一种　联想开花训练

所谓联想开花，就是以自己熟知的某一个事物或者词组为“中心主题”展开联想，发展思维，所发散的主题内容不受任何限制地向四面八方发射，就像一朵绽开的花，花瓣向四周展开一样。

联想开花的关键要点：

1. 由一个主题散发出联想。

2. 直接、快速、不加修饰。

3. 尽情释放你大脑的联想。

通过这三步，每天花上10分钟让大脑快速地动起来。脑科学研究成果指出：“学习能组织和改进大脑。”这里所说的“学习”实际指的是两个方面——既要“学”新的知识，又要练“习”。当我们运用联想开花的时候，只要确立好一个“中心主题”，联想就会围绕这个中心主题展开，从这个“中心主题”可以反射出几十、几百、几千、几百万只钩子，每只钩子代表一个与中心主题相关联的联想。因此，经常进行这种联想开花的训练，有利于激活大脑的思维并激活大脑神经细胞。如果把这种联想开花训练运用在工作和生活中，你就会很容易找到人和人之间的想法共通点，从而快速与人达成共识。

在这里，我们以“动物名称”为主题，进行联想开花练习，得到了以下这些动物的名称：

蜂猴、熊猴、台湾猴、豚尾猴、叶猴、金丝猴、长臂猿、马来熊、大熊猫、紫貂、貂熊、熊狸、云豹、豹、虎、雪豹、儒艮、白鳍豚、中华白海豚、亚洲象、蒙古野驴、西藏野驴、野马、野骆驼、 麋鹿、黑鹿、白唇鹿、坡鹿、梅花鹿、豚鹿、麋鹿、野牛、野牦牛、普氏原羚、藏羚、高鼻羚羊、扭角羚……

同样我们也可以随便拟定一些中心主题进行练习，比如以“时间”和“梦想”为主题进行联想开花训练。

“时间”的联想开花： 闹钟、手表、影子、太阳、月亮、星星、日食、手机、沙漏、蜡烛、香、更夫、怀表、日晷、早晨、中午、下午、傍晚、分针、秒针……

“梦想”的联想开花：中奖、医生、教师、太空舱、月球、外星人、长城、秦始皇、美国、跑步、科学家、奖学金、天宫一号、嫦娥……

第二种　联想接龙训练

联想接龙，顾名思义就是先选定好某一个事物或者词或者词组为“中心主题”，再由中心主题激发出一个联想，然后由激发出的联想变成主题继续激发出下一个联想，像条长龙一样无限制地往下延伸。它就像一个无限的舞台，每一个激发出的联想都是主题。联想接龙分为两种，一种为自由式，可以任由思维自由发挥。一种为固定式，以成语、歌词、故事、因果关系等为固定发散结构。

联想接龙的关键要点：

1. 由主题直接发散出一个联想。

2. 再由联想变成主题激发下一个联想思维。

3. 一层一层深入思维。

4. 直接、快速、不加修饰。

5. 尽情释放你的大脑。

根据以上的步骤，如果我们以“书本”为主题，开始自由式联想接龙练习，就是这样：

从“书本”联想到“教室”，想到“教室”就联想到“黑板”，想到“黑板”就联想到“老师”，想到“老师”就联想到“粉笔”，想到“粉笔”就联想到“石灰”，想到“石灰”就联想到“岩石”，想到“岩石”就联想到“地球”，想到“地球”就联想到“中国”，想到“中国”就联想到“五星红旗”，想到“红星红旗”就联想到“国徽”……具体图例为：书本→ 教室→黑板→老师→粉笔→石灰→岩石→地球→中国→五星红旗→国徽→……

就这样，联想思维会一个主题紧扣一个主题无穷无尽地流淌。当然我们也可以用词语等为主题，进行固定式联想接龙，固定式联想接龙必须设定规则，比如以每个词语的第一个字或者最后一个字进行联想接龙。

以“中国”为主题，并以联想出的词的最后一个字进行固定式联想接龙训练：中国→国家→家春秋→秋风扫落叶→叶问→问号→号角→角色→色盲→盲人→人民银行→行家能手→手机→机会→会议→……

刚开始练习时，建议大家先采用自由式联想接龙，让联想思维自由驰骋，能让联想思维变得更加开放，我们以“圣诞树”为例做自由接龙。

圣诞树→圣诞老人→礼物→袜子→工厂→机器→汽车→驾驶员→车祸→F1→香槟→玻璃→杯子→牙膏→牙刷→塑料→……

第三种　曼陀罗训练法

曼陀罗训练法也称为九宫格训练法，原本起源于佛教，经过不断改进后，成为现代绝佳的思维训练工具，广泛运用于学习与工作中。曼陀罗训练法的最终目的是将“知识”转变为实践的“智慧”。应用此方法，在工作上能轻松化解各项疑惑，让灵感不断自然涌出，轻松打破思维障碍；在生活中，能协助掌握人际关系情况，作为计划表，帮助人们活出丰富的一生。其图例如下：

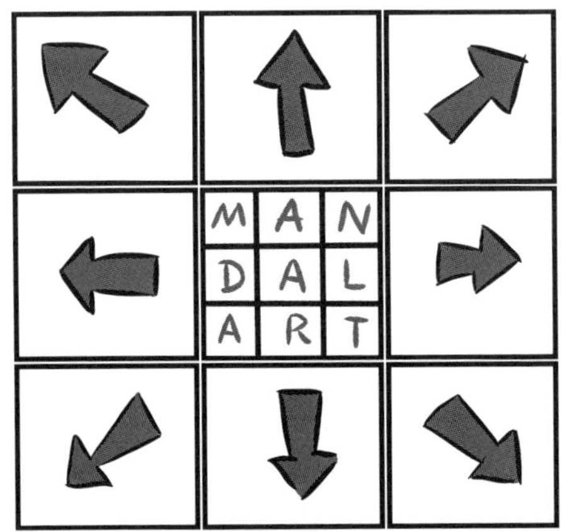

就上面的图例来看，曼陀罗训练法一共分9个区域，每个区域都是能诱发潜能的“魔术方块”。与以往条例式笔记相比较，可得到更好的视觉效果。曼陀罗训练法能在任何一个区域（方格）内写下任何事项，从四面八方针对主题做审视，是让思维充分发散的一种非常直观的“视觉式思考”。

曼陀罗思考的六个思维路径其实就是英语中提到的六个常用问句（5W1H）：What、Why、Who、Where、When、How。每一件事情或主题，如果都可以透过这六个思维，就可以得到完整的答案了。在六个思维与曼陀罗图的搭配操作上，由于How本身就是一种询问过程，它是融合在5W当中的，不管你在思考哪一个W，都可以把How的精神和态度加进来，也因此How并不出现在曼陀罗图中（见下图）。

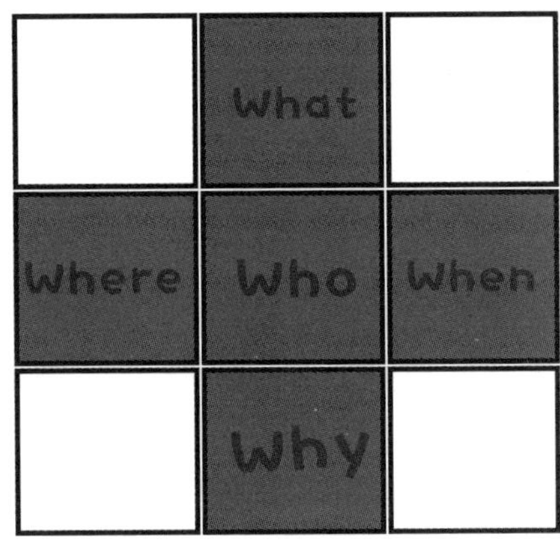

五个W摆在九宫格的十字上，中心点摆的是Who，右边是When，左边是Where，下边是Why，上边是What。因此横轴上是 Where → Who → When，是空间—人—时间的安排；纵轴是What → Who → Why，是一种问的安排，问做什么，问主体，问为什么这么做。懂得这些过后，我们在使用曼陀罗训练法的时候就变得容易多了，当然也不能忽略掉其中的使用技巧。

曼陀罗训练法的运用技巧：

1. 活用右脑的潜能，就是曼陀罗图观想法。

2. 随时随处记下灵感，有效选择并运用资讯。

3. 重要的事往往隐藏在理所当然的事当中。

4. 发散联想产生的句子尽可能简洁，不要记自己觉得事情已完结的句子。

5. 直视自己完成的发散联想，利用视觉思考引发潜能，并掌握问题特征与重点。

6. 必须集中注意力，观察凝视某个中心主题，把其他细枝末节全部去掉，许多感觉自然而然就会泉涌而出，有了强烈的感觉，引起内心的震撼，才会去思考和选择。

7. 可以进行“概念化”（实转虚）、“图像化”（虚转实）、“抽象化”（虚转虚）、创意化（实转实）等自由联想转换。

画重点

⊕所谓联想开花，就是以自己熟知的某一个事物或者词组为“中心主题”展开联想，要求直接、快速、不加修饰。

⊕联想接龙分为两种，一种为自由式，可以任由思维发挥。另一种为固定式，以成语、歌词、故事、因果关系等为固定发散结构。

⊕曼陀罗训练法是在任何一个区域（方格）内写下任何事项，从四面八方针对主题作审视，是让思维充分发散的一种非常直观的“视觉式思考”。

第四章

链式记忆法

第一节 记忆资料的转换

我曾经看过美国记忆研究专家洛雷的表演节目，他随手拿起一副扑克牌，随机抽取了十几个观众把扑克牌依次打乱后摊在他的面前。当洛雷把每张扑克牌依次看过一遍后，现场的观众起身把扑克牌合在一起。这时，洛雷让观众任意说出一张扑克牌，他马上可以说出这张牌的位置。后来，还有观众直接提问："第29张牌是什么？"洛雷马上答道："是红桃3。"主持人翻开一看，果然是对的，观众又相继问了另一些扑克牌，洛雷每次都能答对，现场的观众都非常惊讶洛雷的记忆能力。其实洛雷就是大量运用了资料的转换法则，并对转换后的资料之间进行了有效的链接，从而轻松完成记忆的。

在讲记忆资料转化法则的时候，我都会做一个实验，现场测试一下学员们的记忆力。我首先给每一个学员30个乱七八糟的抽象词语，用10分钟的时间，看看他们现场能按照顺序记住多少个。测试完成后，休息10分钟后又进行第二次测试，这次我给的30个词语全部是形象的，用同样10分钟的时间现场按顺序记忆。两次测试的结果发现，同样的时间，30个形象词语中大多数同学都能够记住20个以上，而30个抽象词语中只有少数几位能记住15个以上。

为什么会出现这样的情况呢？我们在学习的时候会遇到两种记忆的材料，即上面实验的形象材料和抽象材料。形象材料是看得见摸得着的，一看见这些材料，大脑就能直接快速地提取出它们的图片，记忆就比较轻松。比如大树、鸭子、雨伞、帆船、手套、袜子、玻璃杯、汽车、火箭、运动员等。

而抽象材料既没有形象，也看不见摸不着，在没有掌握记忆方法前只能靠死记硬背，比如提示、适合、伟大、逻辑、亲自、超级、命运、荣誉、精神以及在学习过程中大量出现的文章思想、概念、法律条文、各种公式、定律等。许多学生害怕英语、历史、政治以及数理化这些科目，都是因为这些科目抽象材料比较多，而且要记忆的内容也比较多，由于没有学会正确的记忆方法，大大增加了学生们记忆的难度。

因此，在学习中，为了提升记忆的速度和效率，不管遇到的是形象材料还是抽象材料，在记忆的时候，都要进行转换。运用正确的转换法则，我们就能把占据记忆材料60%以上的抽象材料给大脑以直观、鲜明、稳定和整体的感知，大脑在接收到这些感知的时候就会迅速联想发散，引发人的情绪色彩，产生跳跃式的想象，形成形象思维，深深地印在脑海中。通过这样的处理后，记忆就容易多了。当你需要使用这些材料时，只需要回忆和想象，大脑就会自发地重现当时的表现。那到底该怎样转换呢？

画重点

⊕美国记忆研究专家洛雷表演扑克牌记忆的时候大量运用了资料的转换法则，并对转换后的资料之间进行了有效的链接。

⊕为了提升记忆的速度和效率，不管遇到的是形象材料还是抽象材料，在记忆的时候，都要进行转换。

⊕许多学生害怕英语、历史、政治以及数理化这些科目，都是因为这些科目抽象材料比较多，而且要记忆的内容也比较多。

专栏二　形象材料转换

我们来看看下面这些需要记忆的形象材料：

1. 老虎——洗衣机　　2. 骆驼——面包　　3. 雨伞——牛奶

4. 花生——武士　　5. 孙悟空——鸭蛋　　6. 铅笔——电话机

7. 宇航员——玫瑰　　8. 鹦鹉——药酒　　9. 红领巾——猫

10. 游泳池——秃鹫　　11. 气球——闹钟　　12.司令——蝴蝶

13. 扇子——油漆　　14. 二胡——鸳鸯　　15. 西瓜——棒球

16. 闹钟——方便面　　17. 米饭——漏斗　　18. 青蛙——牛奶

19. 教师——酒楼　　20. 酒窝——巴士

一看见这么多毫无规律和逻辑关系可寻的材料，很多人头都已经大了。但是，只要启动我们的大脑，运用想象力和创造力，把这些材料的图像组合起来，记忆就变得非常简单了。

例如，1. 老虎——洗衣机。我们首先在脑海中呈现老虎和洗衣机这两种材料的形象或者画面，接着把两个画面组合在一起。我们可以联想一只老虎背上扛着一台洗衣机；

还可以联想老虎用脚踩坏了一台洗衣机；

也可以联想一只老虎盘腿蹲在洗衣机上面；

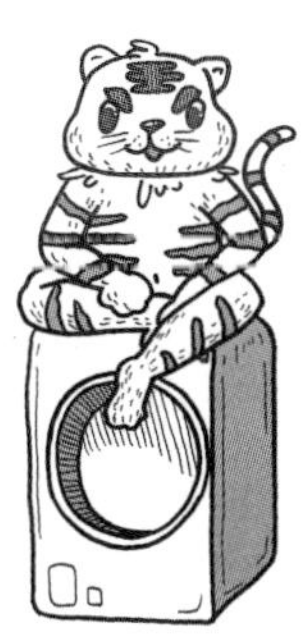

或者更加刺激一点，我们可以联想一只老虎钻进了正在转动的洗衣机，结果撞得头破血流。总之，越夸张，越生动，给大脑的冲击力就越强，我们记忆就越容易。

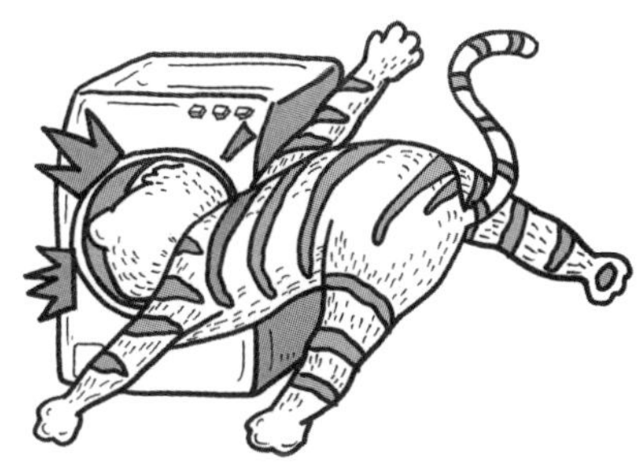

再举一个例子，6. 铅笔——电话机。一看见这组材料，你的大脑已经把这组材料中的两个个体的图片呈现出来了。我们现在开始组合，你可以想象你将一捆铅笔插在一个红色的电话机上；你也可以想象用铅笔去敲打电话机的键盘；你还可以想象用脚踩坏了很多的铅笔和电话机；你甚至可以想象用铅笔把电话机钉在桌子上。联想的方式越多，联想的画面越清晰越具体，记忆的效率就越好。

或许你会觉得这样的转换很滑稽，甚至很无厘头，但正是因为这样天马行空的创造力，我们的世界才会变得越来越美好。现在，请开启你充满想象力的大脑，参照上面的举例，将下面这些材料转换一下。

2. 骆驼——面包

你的联想是：____________________

3. 雨伞——牛奶

你的联想是：____________________

4. 花生——武士

你的联想是：____________________

5. 孙悟空——鸭蛋

你的联想是：____________________

7. 宇航员——玫瑰

你的联想是：____________________

8. 鹦鹉——药酒

你的联想是：____________________

9. 红领巾——猫

你的联想是：____________________

10. 游泳池——秃鹫

你的联想是：____________________

11. 气球——闹钟

你的联想是：____________________

12. 司令——蝴蝶

你的联想是：____________________

13. 扇子——油漆

你的联想是：____________________

14. 二胡——鸳鸯

你的联想是：____________________

15. 西瓜——棒球

你的联想是：____________________

16. 闹钟——方便面

你的联想是：______________________

17. 米饭——漏斗

你的联想是：______________________

18. 青蛙——牛奶

你的联想是：______________________

19. 教师——酒楼

你的联想是：______________________

20. 酒窝——巴士

你的联想是：______________________

认真做完这些联想练习后，我们就又进行了一次脑力激荡，在提升记忆能力的道路上，迈出了坚实的一步。每天坚持做5~10分钟这样的练习，坚持21天，你对形象材料的转换和记忆能力都有非常大的提升。

专栏三　抽象材料的转换

当我们把抽象的材料进行转换后，以前利用左脑死记硬背的模式就自动切换到右脑的创造模式了。但遗憾的是，现在有90%以上的人在学习的过程中都不知道如何进行抽象材料的转换，其实我们的祖先们是最擅长把抽象的材料进行转换以记忆的高手。

古人在没有出现文字的时候，就是把各种事件用图像转换的方式来记忆和书写的，比如远古的岩画、商周青铜器上的铭文以及甲骨文字等。当我们在学习的时候，运用图片化等方式把抽象词语转换过后来记忆，比如“吹牛”这个抽象的词语，你可以直接想到一个人对着一头牛在吹气，或者你想到一个人吹着口哨在指挥一头牛。这样一来，大脑储存起来就容易多了，不是吗?

现在请看看下面这四组材料：

第一组：1. 时间 2. 自由 3. 利润 4. 格局 5. 伟大 6. 奖励 7. 克拉 8. 迷信

第二组：1. 原理 2. 设计 3. 管理 4. 考核 5. 努力 6. 信任 7. 创造 8. 灵活

第三组：1. 抽象 2. 发展 3. 方案 4. 矛盾 5. 机会 6. 载体 7. 材料 8. 奥秘

第四组：1. 社会 2. 政策 3. 组合 4. 谈判 5. 运气 6. 成功 7. 锻炼 8. 指挥

上面这四组一共32项抽象材料，如果让你在10分钟内依照顺序完整地记忆，我相信很多人都办不到，因为它们都非常抽象。如果按照自己的理解、思考、推理、找规律和联系等方式来记忆的话，不但浪费时间，还容易造成记忆疲劳综合征。看到类似的抽象材料，只需要启动右脑对抽象材料一一转换，记忆就丝毫不费力气了。

经过我多年的实践运用和教学研究，抽象材料的转换可以有以下四种方法，通过这四种方法，可以把抽象材料任意转换。

第一种　找代表物

当记忆资料是一个或者一组抽象材料的时候，我们就找一个或者一组能代表它的形象物品来进行记忆，在复述、回忆或者运用的时候只需要把实际的形象物品还原成原来的抽象材料即可。

例如第一组：1. 时间　2. 自由　3. 利润　4. 格局　5. 伟大　6. 奖励　7. 克拉　8. 迷信，运用找代表物这个方法，我们可以为第一个抽象材料“时间”找到一些能代替它的形象物品，如闹钟、手表、沙漏、更夫、日晷、钟楼、手机、电脑、启明星、影子等。不同的人思维发散的程度不一样，所找的代表物也是不一样的，只要你觉得能代替要记忆的抽象资料就好。同样，第二个“自由”我们也可以轻易找到代表物，如天空中飞翔的小鸟、海里游来游去的鱼、刚出监狱的囚犯，甚至你还可以想到美国的自由女神像等。那第三个“利润”的代表物就可以是红包、金钱、压岁钱等。

怎么样？以上这三个抽象材料你都能在脑海中想象出实际的形象物品图像吗？请试着回忆一遍，越清晰越好。

下面的内容作为你的练习，找的代表物越多越好。

4. 格局

找的代表物是：____________________

5. 伟大

找的代表物是：____________________

6. 奖励

找的代表物是：____________________

7. 克拉

找的代表物是：____________________

8. 迷信

找的代表物是：____________________

要特别强调的是，在找代表物的时候，千万不要找一个“抽象物体”来代表原来的“抽象材料”。例如，“格局”用“胸怀”来代表，“伟大”用“人物”来代表，以抽象代替抽象，显然达不到快速记忆的效果。

第二种 运用谐音

这种方法就是利用汉字或者数字同音或近音的条件，用同音或近音文字来代替要记忆的材料。尤其是抽象的知识要点和长串的数据资料，运用巧妙、大胆、形象的谐音转换，越是新奇，越能极大地调动自己的积极性，提升学习的兴趣。

如果我们要完整地记忆第二组抽象材料，就必须对所有的词语进行谐音转换。首先，我们对“原理”进行谐音转换，可以转换成圆圆的梨子“圆梨”，同样也可以转化成果园里面的“园里”，还可以转换成院子里面的“院里”，更夸张点的还可以转换成一个女影视演员的名字“袁立”，如果你身边正好有一个叫“袁丽”的人，只要你能想到她，也是个非常棒的转换了。

再看看第二个词“设计”，我们可以直接转换成江山社稷的“社稷”，还可以转换成打枪的动作“射击”，如果你童趣大发的话，也可以转换成拿着弹弓去射一只鸡——“射鸡”，你还可以转换成神话故事中的一个人物“蛇姬”。

第三个词“管理”，我们直接可以谐音成古代的“官吏”，也可以谐音成道观里的“观里”等。要尽情地让你的大脑对这些抽象材料进行谐音转换，想得越多，证明你的思维越发散。

但是必须记住两个关键要点：

1. 不是所有的记忆材料都可以用谐音转换。

2. 运用谐音记忆后，在进行复习和回忆的时候一定要通过谐音还原成原来的材料。

现在，请你以下面的材料开始谐音转换练习，转换得越多越好。

4. 考核

转换的谐音形象是：________________

5. 努力

转换的谐音形象是：________________

6. 信任

转换的谐音形象是：________________

7. 创造

转换的谐音形象是：________________

8. 灵活

转换的谐音形象是：________________

第三种　字面展开

这种方法非常适用记忆力训练课程的初学者，只通过字面，不去管材料本身的真实意思，运用一些奇异、特别的想法，把没有生命的词语进行拟人化，或者直接通过字面把有关的人、事、物等串联到一起，让其扩展成生动的形象、奇异的场面或诙谐有趣的情节画面等。

我个人更喜欢把“字面展开”这种转换方法称为“浪漫联想法”，每个人都可以按照自己喜欢的方式对要记忆的材料进行字面展开。这种充满浪漫主义色彩的思维发散不是胡思乱想，而是让思维结合材料海阔天空地扩展，但又不是漫无边际的，要符合“把不合乎思维情理的词转换为合乎思维情理的图像来记忆”这一法则。

前面提到的第三组材料利用“字面展开”这一法则转换后记忆就容易多了。例如第一个材料“抽象”，通过字面的扩展就可以在脑海中得到这样一个画面：一个人拿着鞭子在抽打大象。回忆的时候我们只需要在脑海中把这个画面提取出来，还原成“抽象”这两个字就好了，是不是非常简单？第二个词“发展”我们可以扩展成“一个人头发展开”的画面。第三个词“方案”可以扩展成“一个方形的案台”的画面。

你还可以对“抽象”“发展”“方案”这三组材料通过字面展开扩展成其他的画面，只要你熟练运用就好。这个方法不只能转换两个字组成的材料，三个字、四个字甚至更多的字组成的无论多么生疏难懂的词语材料，通过字面展开，都可转换成为你能记忆的材料。

如三个字的词“柏拉图”，我们通过字面可以展开成“两个柏树中间拉着一幅图”的画面。如果是四个字的词，我们还可以将谐音结合在一起运用，效果会更好，如“南辕北辙”，我们可以展开成“南边的猿猴到了北边就没有留下辙印”的情节。西湖十景中的“雷峰夕照”这个词我们可以展开成“雷锋在西湖洗澡”的场景，同样也可以展开成“雷锋在夕阳下照相”的场景。这样与谐音相结合的字面展开，是不是有了一丝浪漫色彩？

好了，现在请你开动大脑，把下面的词语进行字面展开以记忆吧。

4. 矛盾

字面展开的形象是：______________________________

5. 机会

字面展开的形象是：______________________________

6. 载体

字面展开的形象是：______________________________

7. 材料

字面展开的形象是：______________________________

8. 奥秘

字面展开的形象是：______________________________

第四种　场景想象

利用右脑对于图片感知和快速反应的功能，把我们所要记忆的那些枯燥乏味的材料想象成可爱、生动、形象的场景，并在脑海中完美展现。让场景赋予每个要转换的材料以生命力，在不知不觉中就建立了场景与记忆材料之间的直接联系，在回忆或者运用的时候直接提取大脑里面的场景，就能快速还原回原来的材料。

这种转换方法不仅能增强想象力，还能提升大脑对各种场景的敏感性。前面提到的第四组材料，如果运用场景想象的方法进行转化，就能轻松自如地在自己想象的场景与记忆的资料中自由转换。比如第一个词语“社会”，我们就可以发散想象出“公园里面成群结队的人在欢快地跳舞”的场景，或者可以想象出“春运时，车站里面人山人海”的场景，你也可以想象出“步行街上人来人往”的场景，只要你觉得想象的场景符合“社会”这个词就可以。

同样，第二个词“政策”我们可以想到“代表们在人民大会堂开会”的场景。第三个词“组合”可以想到“某个歌唱团体在台上表演”的场景。由“谈判”想到“中国、日本、俄罗斯等国家和朝鲜参加六方会谈”的场景；由“运气”想到“中了500万大奖后”兴奋的场景；由“成功”想到“刘翔在奥运会上夺得亚洲第一块男子跨栏金牌”的场景；由“锻炼”想到“和几个伙伴在体育馆里打篮球”的场景；由“指挥”想到“打仗的时候，一个军官调兵遣将”的场景。

好了，讲了这么多，你也需要练习一下了，请对下面的材料进行场景想象吧。

1. 冲洗

想象的场景是：________________

2. 气质

想象的场景是：________________

3. 青春期

想象的场景是：________________

4. 获取

想象的场景是：________________

5. 胸有成竹

想象的场景是：________________

画重点

⊕在找代表物的时候，千万不要找一个“抽象物体”来代表原来的“抽象材料”，以抽象代替抽象，显然达不到快速记忆的效果。

⊕字面展开这种抽象材料转换方法非常适用记忆力训练课程的初学者。

⊕运用谐音记忆了以后，在进行复习和回忆的时候一定要通过谐音还原成原来的材料。

第二节　链式环扣记忆法

你身边肯定有这样一些人，他们似乎天生就是记忆高手，任何需要记忆的材料在他们看来都是小菜一碟，记忆毫不费力。之所以记忆资料如此轻松，是因为他们早就学会了相关的记忆技巧，长期地运用，已发展成为自己的一种潜意识能力了。只要你掌握链式记忆法的技巧，你潜在的记忆能力也会如火山般喷发，并对你的工作和生活带来莫大的帮助。

链式记忆分为两种，一种叫链式环扣法，另一种叫链式串联法，都是通过创造性的联想思维，找到材料与材料之间最好的链接点，形成一条记忆链条，相互联系，从而更快、更简单、更轻松而且更加牢固地记住大量的资料。链式记忆法非常适用于记忆较多的、相互没有联系的资料，只需要在记忆的时候将资料与资料相互按顺序链接就好。对于日常资讯、地理城市、皇帝年号、工作流程、演讲内容的关键点等，不管使用链式记忆中的环扣法还是串联法都可以顺利记忆。

古埃及人曾经讲过：“我们每天所见到的那些司空见惯的小事，在一般情况下是记不住的。而听到或者见到的那些稀奇的、意外的、丑恶的或者惊人的犯罪等不同寻常的单一事情，却能长期记忆。”古埃及人在当时并不是在懂得了记忆的规律后才说出这句话，而是在平常的生活中总结出的规律。因为那些不同寻常的事情总能带来感官上的刺激，让我们在脑海中强化了单一的印象，记忆当然就更加牢固了。

但我们记忆学习资料的时候往往不只需要记住一件事情或者一个知识要点，而是需要记住一串甚至是整本书的要点，如果不采用正确的记忆方法，只凭自己的理解，要在规定的时间段里完整记住千百个知识要点简直是强人所难。

2012年，我在重庆一所重点中学做公益教学，从初二年级的6个班级中共挑选了30名政治和历史考试成绩只有50分的学生，进行每周2课时的记忆训练。经过一个学期32课时的训练后，这30名学生的政治和历史成绩最差的也提升了40分，后来的跟踪调查发现，这些受训孩子的学习效率比那些没有受训的孩子要高出很多倍。

在那次训练中，我就是从最基础的链式环扣记忆法开始训练他们的。

现在我们来记忆下面这些资料，看看你能不能在5分钟以内的时间按照顺序完整地记下来：

毛巾　纸飞机　椅子　猪八戒　电话　留声机　石榴　鞋子　耳机　白骨精　山洞　米老鼠　动物园　摩托车　书本　武士　卢沟桥　舅舅　香港　硫酸　百灵鸟　拖拉机　狮子狗　药酒　鸭蛋　洗衣机　闹钟　牛奶

我相信，大多数人用5分钟是无法完整记忆的，但是如果能够熟练地运用链式环扣记忆法，就变得非常轻松了，只需要1~2分钟就能把上面28项资料记下来，甚至还能倒背和抽背，并保证100%的正确率。

首先，我们来了解一下链式环扣记忆法。顾名思义，链式环扣法就是指在记忆大量资料的时候，运用链条环环相扣的原理，人为地让互不相关联的资料一环扣一环紧密地联系在一起，打造出一条拥有生动画面感的记忆链条，从而达到提高记忆力的目的。

在打造这条记忆链条的过程当中，我们必须运用前面中学到的联想思维，让资料与资料之间有效地锁链在一起。如果你没有办法在两个相邻的资料之间建立联想，在回忆的时候是无法把资料提取出来的，你也就无法记住了。当然，在运用联想思维的过程当中，你也可以运用过去的经验来帮助你从一个联想思维跳跃到另一个联想思维。

如果需要立刻记住A、B、C、D、E、F、G、H、I、J、K这些资料或者事情的话，首先就要让A与B之间进行锁链，然后让B与C之间进行锁链，以此类推，直到J与K之间的锁链完成。但在锁链的资料与资料之间，必须在保证记忆效果的前提下，尽可能少地运用某些让联结物产生歧义的联系词。需要使用资料时，只要想到第一项资料A，自然而然就会想到B，想到B就会想到C，想到C就会想到D……或者我们只要想到最后一项资料K，也会很自然地想到J，想到J就会想I……甚至还可以从中间任意抽取一项资料，向两边提取出记忆资料，例如想到D，我们就可以分别提取出C及C前面的资料和E及E后面的资料，想到G，就可以提取出F及F前面的资料和H及H后面的资料，非常的方便。这个方法很容易为记忆力提升训练课程的初学者掌握。

但掌握归掌握，如果想熟练地运用这个记忆方法，并应用于工作、生活和学习当中的话，必须掌握链式环扣记忆法的三个关键步骤。

Step 1　左右脑的切换

前面讲过，在没有掌握记忆方法并知道左右脑分工理论的时候，我们使用左脑条例似的死记硬背，虽然有一定的效果，但是会耗费大量的精力，更重要的是我们把右脑的记忆能力给闲置了，而右脑的记忆能力是左脑的100万倍，这是多么大的浪费！而在使用锁链环扣记忆法后，就可以让右脑的记忆能力充分发挥。我们利用右脑的创造能力，把要记忆的资料转换成具体的图像，图像的转换越清晰、越生动越好。

在进行文字与图像转换的时候，一定要运用前面讲的形象资料和抽象资料的转换原则，这样就可以抛开左脑逻辑的干扰，让我们更加清晰地感知稳定而具体的图像，如果闭上眼睛，甚至可以让自己在大脑中直接看到构思的图像。生动的形象，让资料与资料迅速找到联结点，而且还会累积出无穷多的感性形象，让联结点产生无穷多的创新性，更能给自己的思维带来无穷多的变化。对于一些人来说，目前还不是太习惯进行左右脑切换，只要坚持练习一段时间就好了。

我们要对前面28项要记忆的词语材料进行左右脑切换的话，面对“毛巾”这个词语，开启右脑，就可以在脑海中构思出红色、白色、黑色、黄色、紫色等各种颜色的毛巾，如果你闭着眼睛的话，你甚至可以体会到软软的毛巾带给自己温暖的感觉。同样，后面的材料也可以轻松地切换出画面来。

纸飞机：天空中飞着各式各样、各种颜色的纸飞机；

椅子：一把雕刻着九条龙的金黄色椅子；

猪八戒：一个挺着大肚子、扛着金耙、正在跟妖精恶战的猪八戒；

电话：一个屋子里面堆着红色的电话机；

留声机：一架很旧的发出吱吱呀呀声音的留声机；

石榴：一个又红又大的石榴；

鞋子：一双闪闪发光的水晶鞋；

耳机：一个人戴着黑色的耳机；

白骨精：一个阴森的山洞里，白骨精正在喝茶。

Step 2 锁链联结

在锁链联结的步骤里面，唯一的要求就是，锁链的时候资料与资料之间联结的部分越是夸张夸大、越是反逻辑越好。图像越是清晰，锁链的时候才能做到顺序不乱，资料一项都不少，锁链联结的效果也就越好。不用去管锁链是不是符合逻辑，是不是符合常识，是不是合理，只要能把相邻的两项资料有效地联结，方便我们记忆就可以了，记得住，我们的目的就达到了。如果在锁链的时候还要追寻逻辑和符合常识的话，你又回到了左脑记忆的思维，这样是永远学不会链式环扣法的。

如果要把第一个步骤里的28项经过左右脑切换过的词语锁链联结的话，这样做就可以了。

毛巾 — 纸飞机：用一条红色的毛巾绑着一个五颜六色的纸飞机；

纸飞机 — 椅子：纸飞机从天上掉下来，把椅子砸了个洞；

椅子 — 猪八戒：一把黄色的椅子上坐着肥胖的猪八戒；

猪八戒— 电话：猪八戒一手抓着金耙，一手拿着红色的电话机；

电话 — 留声机：红色的电话机把留声机给砸坏了；

留声机 — 石榴：留声机里长着一棵挂着很多石榴的石榴树；

石榴 — 鞋子：把红彤彤的石榴装进鞋子里；

鞋子 — 耳机：鞋子上挂着很多副正在播放音乐的耳机；

耳机 — 白骨精：耳机被满身妖气的白骨精缠在腰上做装饰品；

白骨精 — 山洞：白骨精正在吆喝着一群小妖怪修造一座山洞；

山洞 — 米老鼠：冒着烟雾的山洞里面走出来一群米老鼠；

米老鼠 — 动物园：一群唱着歌的米老鼠在动物园里面表演节目；

动物园 — 摩托车：动物园里的动物们在欢快地骑着摩托车；

摩托车 — 书本：一辆崭新的摩托车在马路上压坏了很多崭新的书本。

我们很快就完成了14组材料的锁链，现在，由你完成剩下的锁链联结。

书本 — 武士：____________________

武术 — 卢沟桥：____________________

卢沟桥 — 舅舅：____________________

舅舅 — 香港：____________________

香港 — 硫酸：____________________

硫酸 — 百灵鸟：____________________

百灵鸟 — 拖拉机：____________________

拖拉机 — 狮子狗：____________________

狮子狗 — 药酒：____________________

药酒 — 鸭蛋：____________________

鸭蛋 — 洗衣机：____________________

洗衣机 — 闹钟：____________________

闹钟 — 牛奶：____________________

怎么样，经过锁链联结后，是不是每一组资料都能在你的脑海中构建出清晰明了的图像了？当然，锁链联结的图像是没有标准答案的，还是那句话：只要锁链联结夸张、夸大、反逻辑就好！

Step 3 回想记忆

锁链联结完成后，为了记得更牢固、更加清晰准确，必须对所有锁链的资料从头到尾按照第二个步骤里联结的图像在大脑里回想一遍，千万不要在回想记忆的时候又把资料再按照另外的图像锁链联结一遍，这样不仅会浪费时间，还会造成顺序的混乱。如果在回想的时候，有些地方回想不起来了，就试着将那些难以回忆的图像刻画得更加清晰具体和稳定些。当所有的联结都能回想得非常完整，转换成原来的资料时，只需要还原就可以了。现在就请你开始对已经完成的28组材料进行回想记忆吧。

对照一下前面的材料，看看你是不是全部写对了，如果你遗忘了某项材料，请分析一下原因，避免在后面的练习中出现类似的问题。

画重点

⊕在记忆大量资料的时候，运用链条环环相扣的原理，人为地让互不相关联的资料一环扣一环紧密地联系在一起，打造出一条拥有生动画面感的记忆链条，从而达到提高记忆力的目的。

⊕如果在锁链的时候还要追寻逻辑和符合常识的话，你又回到了左脑记忆的思维，这样是永远学不会链式环扣法的。

⊕左右脑切换、锁链联结、回想记忆是链式环扣记忆法的三个关键步骤。

专栏四　抽象材料锁链联结练习

刚才我们做了28组形象材料的锁链联结，现在我们对抽象材料进行锁链联结。抽象材料的锁链联结比形象材料的锁链联结要复杂一点，原因就在于我们要运用抽象材料的转换原则把抽象材料转换成具体生动的形象，而抽象材料的转换则需要花更多的时间去练习。

现在为了让学习效果更加明显，我们示范如何使用链式环扣记忆法记忆以下抽象材料：1.深闺疑云　2.南辕北辙　3.春华秋实　4.伟大　5.主动　6.欲海惊魂　7.创造　8.信任。

Step 1　把抽象材料进行左右脑切换

1. 深闺疑云

转换方式：字面展开和谐音相结合。

转换的具体图片是：一大群深色的乌龟（闺）在怀疑天上的云朵

2. 南辕北辙

转换方式：字面展开和谐音相结合。

转换的具体图片是：南京的猿（辕）猴到了北京没有留下辙痕。

3. 春华秋实

转换方式：字面展开和谐音相结合。

转换的具体图片是：春天到了，树上的花（华）开了，到了秋天结满果实。

4. 伟大

转换方式：找代表物。

找的代表人物是：爱迪生。

5. 主动

转化方式是：谐音和字面展开相结合。

转换的具体图片是：一群野猪（主）钻进了洞（动）里。

6. 欲海惊魂

转化方式：谐音和字面展开相结合。

转换的图片是：一条鲨鱼（欲）在 海 里受到了惊吓，吓得魂飞魄散。

7. 创造

转化方式：谐音。

转换的图片是：床罩（创造）。

8. 信任

转换方式：谐音。

转化的图片是：桌子上堆着一大堆杏仁（信任）。

Step 2 锁链联结，把转换的图片环环相扣起来

深闺疑云 — 南辕北辙

动物园里有一大群深色的乌龟（闺）在怀疑天上的云朵，一群来自南京的猿（辕）猴悄悄跑到了北京，一点儿也没有留下辙痕。

南辕北辙 — 春华秋实

南京的猿（辕）猴到了北京没有留下辙痕，原来它们是等春天到了以后，把树上开的花和秋天结满的果实全部摘掉。

春华秋实 — 伟大

春天到了，树上的花（华）开了，到了秋天结满果实，爱迪生（伟大）看见了很高兴。

伟大 — 主动

爱迪生（伟大）赶着一群野猪（主）钻进了洞（动）里 。

主动 — 欲海惊魂

一群野猪（主）钻进了洞（动）里发出恐怖的叫声，让一条鲨鱼（欲）在 海里受到了惊吓，吓得魂飞魄散。

欲海惊魂 — 创造

一条鲨鱼（欲）在海里受到惊吓，吓得魂飞魄散，头上还裹着一条床罩（创造）。

创造 — 信任

床罩（创造）里面包着大堆杏仁（信任）。

Step 3 回想记忆

将刚才锁链联结的图片回想一遍，然后把这8项材料写下来。

怎么样？你全部都记住了吗？如果某一个没有写出来，也没有关系，只需要在以后要做的练习中，“看”清楚自己锁链联结的画面，一旦记住了这些看似无厘头的画面，这些材料就会牢牢记在你的大脑里。现在请自己独立完成下面的抽象材料记忆吧。

Step 1　左右脑切换

1. 忠诚

转化方式是：________________

转换的图片是：________________

2. 努力

转化方式是：________________

转换的图片是：________________

3. 最高权威

转化方式是：________________

转换的图片是：________________

4. 抽象

转化方式是：________________

转换的图片是：________________

5. 无具体惩罚性

转化方式是：________________

转换的图片是：________________

6. 灵活性

转化方式是：________________

转换的图片是：________________

7. 我行我素

转化方式是：________________

转换的图片是：________________

8. 解约通知

转化方式是：________________

转换的图片是：________________

Step 2　锁链联结

忠诚 — 努力

图片锁链联结是：________________________________

努力 — 最高权威

图片锁链联结是：________________________________

最高权威 — 抽象

图片锁链联结是：________________________________

抽象 — 无具体惩罚性

图片锁链联结是：________________________________

无具体惩罚性 — 灵活性

图片锁链联结是：________________________________

灵活性 — 我行我素

图片锁链联结是：________________________________

我行我素 — 解约通知

图片锁链联结是：________________________________

Step 3　回想记忆

完成后，请把记忆的材料写下来，顺序不许错。

你全部都对了吗？在自己独立完成的第一次练习中，我们欢迎你犯错误，只有这样，你才会更加用心地学习，提升的空间才越大，每一次的错误都会成为你提升记忆力的动力。

现在请你用链式环扣法记忆下面的资料，并默写。

1. 豆腐	2. 监狱	3. 厨师	4. 毛驴	5. 打印机
6. 爷爷	7. 天鹅湖	8. 薯片	9. 桃树	10. 铅笔
11. 蛋糕	12. 拖把	13. 面包车	14. 歌剧	15. 公园
16. 水龙头	17. 荷花	18. 贝壳	19. 变压器	20. 电报

下面是给出的参考答案，对比一下，看看跟你的锁链联结有什么不一样。

洁白的豆腐堆满了监狱，监狱里面有很多的厨师正在炒菜，厨师杀死了很多头毛驴，毛驴用脚踩坏了很多台打印机，打印机上刻着爷爷的名字，爷爷在天鹅湖洗澡，天鹅湖里蹦出许多薯片，薯片挂在桃树上，桃树的树枝做成了铅笔，把铅笔当成蜡烛插在蛋糕上，蛋糕涂满了拖把，拖把把面包车砸坏了，在面包车里唱歌剧，一边唱歌剧一边在游颐和园公园，公园里的水龙头坏了，水龙头旁边的池塘里面开满了荷花，荷花里面藏着许多从海边捡回来的贝壳，贝壳把变压器压坏了，变压器掉下来砸坏了电报机。

第三节 链式串联记忆法

在前面的学习中，我们把记忆材料经过转换后，利用链式环扣法环环相扣的特点来达成记忆，但在锁链的过程中有些人会不适应这种方法，在我的教学生涯中，甚至遇到有人很抗拒用这种方法。很多人会想，有没有其他的方法直接把这些材料联结起来呢？

答案是肯定的，而且你将会发现它更方便，效果更惊人，这种方法叫作链式串联记忆法，它其实就是链式环扣记忆法的升级版。链式串联法就是直接把我们要记忆的材料串联成一个整体故事或者影像场景，故此，链式串联法也被有些人称为虚构故事法或影像记忆法。虚构的这个故事或者影像场景越是离奇、诙谐、幽默，越是容易记忆牢固，就算是抽象资料也不用担心记不住，只需要虚构出的故事或者影像场景能把所有的资料都按顺序串联。

在每年的中考历史政治冲刺班上，大部分同学在运用链式串联法以后，都非常兴奋，因为能把以前觉得很难记忆的考试重点轻松完成记忆，像看电影一样轻松。记住之后即使一个星期甚至半个月不去复习，这个影像画面还是在脑海中久久回荡，为什么会这样呢？那就得从链式串联记忆法的三个关键技巧说起。

第一个技巧　五感并用

人天生就具备超强的记忆渠道——五大感官，也就是视觉、听觉、嗅觉、味觉和触觉。只要调动五大感官共同记忆资料，实现长期记忆就是非常容易的事情，但遗憾的是，很多人根本不了解这点。

不管你采取什么样的记忆存储模式，首先得通过五大感官来接收外界的信息。为什么同样的信息接收渠道，有些人记得快，有些人记得慢，更有甚者一点儿都记不住呢？那是因为每个人对五大感官的利用程度不一样。

五大感官中，首先是视觉，每个人不断地通过自己的双眼来接收外界的图像信息，比如接收电影、电视等视像。其次是听觉，靠耳朵来学习、吸收知识，比如上课或者听报告，还有就是大声朗读资料等都会对大脑产生听觉上的刺激，方便大脑将各种信息联系在一起。再就是触觉，人只要活着，就无时无刻不在感知身边环境给自己带来的影响，比如空气污染严重，我们很容易感知得到，还有我们参加某种户外活动，也是一种集中式的触觉刺激。最后是味觉和嗅觉，比如去餐厅吃饭，饭菜的香味首先会刺激我们的嗅觉，嗅觉引领大脑发出行动命令。吃在嘴里，感受到酸甜苦辣，是味觉，评判一个菜品好吃还是不好吃的也是根据个人的味觉判断的。

在链式串联法中，我们必须充分调动五大感官，把共同接收到的信息组合在一起，形成一个有效的整体，有些时候，要让大脑对记忆的资料产生深刻的印象，必须对记忆的材料进行一系列转换。如果你不知道如何充分地把五觉感官调动起来，就来进行这方面的训练吧。

请你闭上眼睛深呼吸，让自己先平静下来，接着开始想象：自己正置身大海边金色的沙滩上，席地而坐，眼前是一片蔚蓝色的大海，一群穿着比基尼的女郎在海滩上追逐嬉戏。海浪轻柔地拍打着金黄色的沙滩，蓝蓝的天空中白云朵朵。你从随身携带的红色旅行袋里拿出一个柠檬，金黄色的柠檬捏起来硬硬的。你从口袋里拿出一把锋利的小刀，在柠檬上切下深深的一道，用力捏了捏柠檬，汁液从切口中流出，使劲将它掰成两半，将其中一半柠檬拿到鼻子面前，闻一闻柠檬的香味，汁液流在你的手上，滴在你的腿上，现在，请张开嘴，咬一口这个柠檬。

通过这段话，我们的五觉感官就被调动起来了，尤其是到最后“请张开嘴，咬一口这个柠檬”这句话的时候，我相信很多人的唾液不断地分泌出来，而且还感受到了柠檬那酸酸的味道，这就是你调动了感官的结果。我们随时随地都可以训练自己的感官，比如离开了一个地方后，你就可以把在这个地方看到的、听到的、闻到的、摸到的、尝到的东西尽可能地回忆，越生动、形象、仔细越好。只要坚持练习，你的感官就越灵敏。在应用链式串联法的时候调动的感官越多，就越容易找到学习的最佳状态，在记忆资料的时候，速度就会越快，记忆的牢固度就越高，就越能体会到学习的乐趣。

在一般的学校里面，绝大多数老师会直接把记忆的材料写在黑板上，然后让学生们反复朗读背诵。这种线性的教学方式，很容易造成大脑疲劳，产生昏昏欲睡的感觉。如果能运用五觉感官把场景一个一个地调动出来，记忆的感觉就不一样了。现在我们通过一个具体的例子来详细说明。

请你在不采用链式环扣法的情况下，用2分钟按顺序记住中国古代史的各个阶段：原始社会、夏、商、西周、春秋、战国、秦、汉、三国、两晋、南北朝、隋、唐、五代十国、辽、北宋、金、南宋、元、明、清。

根据10多年课堂上的测试结果来看，只有20%的人能在2分钟内把以上的内容记住，有40%的人能记住2/3的内容，剩下40%的人只能记住50%左右的内容。但遗憾的是，只需要过15~20分钟，那些能记住全部内容的人有90%会忘记一半甚至更多的内容。会出现这种情况，是因为他们均采用了错误的记忆存储模式。

现在采用链式串联法，调动我们的五大感官后，这些枯燥的资料就变得非常有吸引力了。

原始社会：想到一群扛着石斧、披着兽皮的原始人，日出而作，日落而息，晚上睡在山洞里面，洞口熊熊燃烧着一堆火，远处还传来一阵又一阵野兽的叫声。

夏：夏天。想到炎炎夏日，太阳火辣辣地照着大地，树上的知了不知疲倦地鸣叫。

商：商人。想到一群赶着骆驼行走的商人，骆驼的铃铛发出清脆的铃声。

西周：谐音成稀粥。想到集市上很多人争抢一碗热气腾腾的稀粥。

春秋：从春天到秋天。想到树枝上的花开了，到了秋天树枝上结满了果实。

战国：一个国家的名称。想到战国时期，群雄争霸。

秦、汉：人名秦汉。想到一个长得英俊潇洒、风度翩翩的台湾演员。

三国：谐音成三口锅。想到自己家门口摆放着三口黑漆漆的大铁锅。

两晋：谐音成两斤。想到铁做的锅只有两斤重。

南北朝：地名。想到一个地点的名字就叫南北朝。

隋、唐：隋谐音成随，唐谐音成糖。想到一个人随身的衣服口袋里面装满了糖果。

五代十国：想到五个口袋十口锅随意地丢在地上。

辽：谐音成聊。想到一大群人坐在一起拉家常。

北宋：谐音成白送。想到一个人把东西白白地送给人家，一分钱也不要。

金：想到一大堆金光灿灿的黄金堆在自己的家里。

南宋：谐音成难送。想到把自己家里最值钱的东西送给人家，送了几次都没有人接受。

元、明、清：想象一个穿着官袍的人，原（元）来是明朝的清官。

第二个技巧　组成故事

我们都喜欢听故事，绝大多数的人听完别人讲的故事后都能轻易地记住。这是因为故事有情节有意义并且有趣，让人对不能直接接触到的东西产生好奇和向往，这种好奇和向往能对大脑产生刺激，从而形成一个牢固的信息点，只要有外界的信息引导，这个信息点就能在大脑里呈现出清晰的图像情景，并让人用语言和肢体动作表达。

只要能把中国古代的各个阶段虚构成一个诙谐、幽默、令人印象深刻的故事，就一定能刺激我们的大脑，达到过目不忘的效果。这个故事可以这样开始：

我们出生在“原始社会”的“夏”天，看到一群“商”人在吃“稀粥”（西周），从“春”天一直吃到“秋”天，最后受不了了就逃跑到了“战国”，遇到了一个叫“秦、汉”的人，他背着“三口锅”（三国），一共有“两斤”（两晋）重，他背着三口锅到了“南北朝”这个地方，“随”（隋）身还带了许多“糖”（唐），这些糖用“五个口袋十口锅”（五代十国）装着，他很喜欢跟人家“聊”（辽）天，聊得很高兴的时候，就把糖“白送”（北宋）给别人，但人家不要白送的，要用“金”子来交换，他就感叹这个糖怎么这么“难送”（南宋）出去，最后一打听，“原”（元）来人家是“明”朝的“清”官。

怎么样，跟前面的链式环扣法不一样吧？这个故事的情节非常连贯，而且非常生动有趣，让你可以轻易地把这一连串的画面存储进大脑。现在请合上书本，把这个影像从头到尾回想一遍，就像身临其境一样。回想完成后，依次填写下面的空格。

我们出生在________的________天，看到一群________人在吃________，从_______天一直吃到_______天，最后受不了了就逃跑到了_______，遇到了一个叫_______的人，他背着_______，一共有_______重，他背着三口锅到了______这个地方，________身还带了许多_______，这些糖用________装着，他很喜欢跟人家________天，聊得很高兴的时候，就把糖________给别人，但人家不要白送的，要用________子来交换，他就感叹这个糖怎么这么________出去，最后一打听，来人家是______朝的______官。

除了这个故事，你也可以发挥自己的联想能力组成一个新的故事。比如：

我带领着一群来自“原始社会”的人，每到“夏”天，就强迫一群“商”人去卖“稀粥”（西周），从“春”天到“秋”天，一天也不允许请假，最后这群商人造反了，就到“战国”去找来一个叫“秦、汉”的人联合了“三个国家”（三国），扛着“两块镜子”（两晋）来攻打我们，最后我们战败了，逃到“南北朝”这个地方后，就没有东西吃了，我们只能吃“水”（隋）里面的“糖”（唐）块，由于糖块做得太多了，就只好用“五个袋子”（五代）装起来，藏在“石头做的锅”（十国）里，为了打听和“了”（辽）解后面追兵的情况，我们就“白送”（北宋）一些糖块和“金”子给附近的村民，希望能得到一些信息，这些村民见到我们十分害怕，因此，金子很“难送”（南宋）出去，最后终于有一个大胆的村民悄悄告诉我们说：“不是不要你们的东西，而是见你们大老‘远’（元）来到这里，我们搞不‘明’白弄不‘清’楚你们的意图。”

这些材料至少还可以组成成百上千个故事，只要充分发挥你的创造力，没有什么事办不到的。当然要注意的一点是，我并不是要让你对着上面讲解的材料绞尽脑汁地去组成多种多样的故事，而是让你学会运用链式串联法，培养一种新的思维习惯，遇到尤其难记的资料时，有选择地采用这种方法，达到事半功倍的效果。

第三个技巧　复述还原

为了达到长期记忆，最好是在组成故事后多复述几遍，尤其是遇到比较生疏的资料时，复述几遍是相当必要的。只有把重点资料记准确了，记牢固了，在以后要使用的时候才能清晰地从大脑里提取。由于在组成故事的过程当中，运用了词语的转换原则，因此，必须将转换部分的资料还原成原来的信息。

例如，用链式串联法记忆细胞内包含的18种主要元素，我们调动感官，这18种元素的记忆就变得轻松好玩多了。组成的故事是这样的：我开办了一家叫“细胞”的工厂，这个厂主要生产氢“弹”（氮）。我们厂的技术人员统一代号为“606”（硫、磷、氯），他们手“拿”（钠）“铁”“盖”（钙），骑“假羊”（钾、氧），被传为“美谈”（镁、碳）。他们常吃的食物是“铜”“点”“心”（碘、锌），吃完点心后就“背”“古”“诗”（钡、钴、锶）。

如果遇到这样一道考题：请在下面横线上写出细胞中包含的18种元素。未还原的答案：氢、弹、606、拿、铁、盖、假、羊、美、谈、铜、点、心、背、古、诗。还原后的答案：氢、氮、硫、磷、氯、钠、铁、钙、钾、氧、镁、碳、铜、碘、锌、钡、钴、锶。

有太多的人没有运用“还原”这个技巧，导致在运用的时候闹出一些令自己尴尬的笑话。对比一下，这两者的答案是不是相差了十万八千里？

掌握了链式串联法的三个技巧后，我们现在用链式串联法来完整记忆鲁迅先生的作品集《呐喊》里的14篇作品名称：《阿Q正传》《狂人日记》《故乡》《端午节》《社戏》《头发的故事》《风波》《一件小事》《药》《明天》《白光》《孔乙己》《兔和猫》《鸭的悲剧》。

你组成的故事是：____

____

____

故事完成后，不要急着写答案，先闭上眼睛，复述一遍，确认无误后，把答案按照顺序写在下面的横线上：

《呐喊》里的14篇作品是：____

____

____

参考答案：我有一个兄弟叫阿Q，正坐在传送带上（阿Q正传），他是个狂人，每天都要写日记（狂人日记），前几天回到故乡过端午节，晚上去看社戏，看戏的时候讲了一个关于头发的故事，闹出了一场风波，虽然大家都认为这是一件小事。但他却气得回家吃药，一觉睡到明天。刚从被窝爬起来，眼前闪现一道刺眼的白光，仔细一看，原来是孔乙己牵来的兔和猫咬死了很多只鸭子，唉，今天真是鸭的悲剧日。

画重点

⊕链式串联记忆法是链式环扣记忆法的升级版，也被有些人称为虚构故事法或影像记忆法。

⊕五感并用、组成故事、复述还原是链式串联记忆法的三个关键技巧。

⊕在链式串联法中，我们必须充分调动五大感官，把共同接收到的信息组合在一起，形成一个有效的整体。

第四节　记住文字资料

熟练掌握了链式记忆的两大方法，就必须把它们用起来，否则，你就永远只处于我前面说的“知道”，而不是“得到”。在使用链式记忆的时候，还有一个最关键的技巧，它是影响很多人在采用链式记忆法后不快速遗忘的重要因素。

这个技巧就是一定要使用 “我自己”这个场景，只有使用“我自己”才会让自己感受到的故事更加真实。想想看，你正躺在自己开满鲜花的别墅后花园里，你会看到什么？微风轻轻吹过，你会闻到什么？暖暖的阳光照在你身上，你是否感到通体舒畅？一群采满花粉的蜜蜂从你眼看飞过，你会有怎么样的动作？你想象得越鲜活，这些信息就会越牢固地存储在你的脑海。

在链式记忆中，要使用“我自己”的场景，还有一个原因，就是当你真正地把自己植入故事时，就会对本来虚拟的故事充满情感。如果你能把“假装”“好像”“假设”“如果是”等这些隔离自己情感的词语去掉的话，大脑在记忆的时候才会真正地感受到真实。

掌握了这个关键技巧后，我们采用链式记忆法记忆文字资料的时候，不管是用链式环扣法还是链式串联法，都可以轻松自如，甚至还可以在环扣和串联之间自由转换。

明白了这些，就开始对各种文字资料进行链式记忆吧。完成记忆以后，对照一下参考答案，也许会给你带来更多的启示。

第一类　知识点记忆

1.《山坡羊》张养浩　2.《窗》泰格特　3.《白毛女》歌剧

4.《风景谈》散文　5.李白号“青莲”　6.芬兰首都赫尔辛基

7. 坦桑尼亚首都达累斯萨拉姆

8.《西厢记》的作者是元代杂剧作家王实甫

9. 中国第一部词典《尔雅》

10. 我国最早的农书是《齐民要术》

11. 世界上最早的纸币是“交子”

1.《山坡羊》张养浩

你的记忆：______________________________

2.《窗》泰格特

你的记忆：______________________________

3.《白毛女》歌剧

你的记忆：______________________________

4.《风景谈》散文

你的记忆：______________________________

5. 李白号“青莲”

你的记忆：______________________________

6. 芬兰首都赫尔辛基

你的记忆：______________________________

7. 坦桑尼亚首都达累斯萨拉姆

你的记忆：______________________________

8.《西厢记》作者是元代杂剧作家王实甫

你的记忆：______________________________

9. 中国第一部词典《尔雅》

你的记忆：______________________________

10. 我国最早的农书是《齐民要术》

你的记忆：______________________________

11. 世界上最早的纸币是“交子”

你的记忆：______________________________

参考答案：

1.《山坡羊》张养浩：山坡上有很多只羊，是一个叫张养浩的人养的。

链式联想：想象你家门口有一个很大的山坡，山坡上放养着很多只羊，是老邻居张养浩养的。

2.《窗》泰格特：窗台（泰）格外特别。

链式联想：想象自己家红色的椭圆形的窗户，上面都是奇形怪状的格子，格外特别。

3.《白毛女》歌剧：一个满头白发的女人在唱歌剧。如果你知道《白毛女》的故事就可以这样记忆：白毛女在唱歌剧。

链式联想：你在夜里看见一个满头白发的女人，在你家院子里面大声地唱着意大利歌剧。

4.《风景谈》散文：一边欣赏风景，一边谈论散文。

链式联想：你跟一大群同学在风景优美的景点，一边欣赏风景一边谈论着朱自清的散文作品。

5. 李白号“青莲”：李白喜好（号）青色的莲花。

链式联想：李白没有什么爱好，他只喜好那池塘里面一朵朵盛开的青色莲花。

6. 芬兰首都赫尔辛基：在散发着芬芳的兰花里面，放着你给儿（赫尔）子买的新机（辛基）器人。

链式联想：你家的花园里面盛开着一盆盆散发着芬芳的兰花，在其中一盆兰花里面放着你给儿子买的新机器人，儿子找不到了，急得哇哇大哭。

7. 坦桑尼亚首都达累斯萨拉姆：砍伤你呀（坦桑尼亚）就逃到首都去打擂（达累），打擂的时候厮杀（斯萨）了拉姆这个人。

链式联想：有一群凶神恶煞的二流子在你们家抢东西，东西没有抢走，却砍伤你了，你的家人报警了，他们却逃跑了，他们逃到了一个国家的首都，为了生活，他们去打擂，在打擂的时候还很残忍地厮杀了一个叫拉姆的人。

8.《西厢记》作者是元代杂剧作家王实甫：西厢房里面有只鸡（记），坐着（作者）圆圆的袋子（元代），这个袋子是杂剧作家王师傅（王实甫）家的。

链式联想：你们家里面有许多间房屋，其中西厢房里养了一只又肥又大的鸡，它坐着一个圆圆的袋子上，这个袋子是杂剧作家王师傅从家里悄悄拿来的。

9. 中国第一部词典《尔雅》：中国第一部词典儿呀（尔雅）。

链式联想：你千辛万苦地终于找到了中国第一部词典，当你把这个好消息兴高采烈地告诉妈妈的时候，妈妈激动地摸着你的头说：“儿呀，你真厉害。”

10. 我国最早的农书是《齐民要术》：我国最早的农书是七（齐）个农民要学习技术。

链式联想：我国写得最早的一本关于农业记录方面的书籍，是因为有七个农民要学习技术，技术学会了以后，就写了这本书。

11. 世界上最早的纸币是“交子”：世界上最早的纸币是坐轿子（交子）而使用的。

链式联想：你坐在一个轿子上，印刷出世界上最早的纸币。

第二类　成串资料记忆

1.商业法包括：公司法、合伙企业法、个人独资法、外商投资法、企业破产法、票据法、金融法、税法、保险法、海商法。

2.电影作品：《黄土地》《红高粱》《菊豆》《大红灯笼高高挂》《活着》《有话好好说》《秋菊打官司》《一个都不能少》《我的父亲母亲》

你的记忆1.______________________________

____

你的记忆2.______________________________

____

参考答案：

1.我想从事商业活动，就必须去工商部门成立一家公司，然后再找一个合伙人一起来经营这家企业，找了很久都没有找到，没有办法就只好先一个人独立投资了，后来一个外商来投资了这个企业，但是经营不善，企业破产了，我就拿着票据去金融机构办理税务，还要去给员工买保险，由于我们有外商来投资，所以必须去海外把那个商人找回来才能办理完这些事情。

要注意的一点是：为了减轻记忆的负担，先去掉这项资料里的一个共同的字"法"，再把剩余的资料链式记忆，等还原的时候再给每项资料都加上"法"字就好。

2.我的父亲母亲在光秃秃的黄土地上种植了满山遍野的红高粱和菊豆，为了庆祝今年的好收成，我们就把大红灯笼高高挂着，父亲感叹地说："活着真好，任何时候都要有话好好说，不能跟秋菊打官司，快过年了，我们家的人一个都不能少。"

第三类　链式记忆随机资料

在采用链式记忆随机资料最难的一点就是随机资料的形式多种多样，有可能是词语，有可能是句子，甚至有可能是文章段落以及一些非常专业的概念等，这就要求我们必须熟练掌握并运用抽象词语转换四大原则，还要快速调动自己的五觉感官，以获取让自己感觉适合的图片化思维，再采取锁链或者串联快速进行关联组合，顺利完成回忆和复习。

在开始阶段，可以放慢记忆的速度，但复习的时候，每项资料都要清晰地再现你创立的联想，并保持100%的正确率。随着练习次数的增多，慢慢地你就会对外来随机资料的图片创造敏感度越来越强，记忆的速度自然而然就提升了。

理论讲了这么多，最重要的就是要把所讲的理论运用到实际中，现在请开始实践吧。

1. 周作人、散文、追求知识、哲理、趣味、统一、风格、冲淡、平和、代表作、《乌篷船》

你的记忆：________________

____

2. 代表作、曹禺、《原野》、现代著名剧作家、《雷雨》《日出》、话剧、《北京人》

你的记忆：________________

____

3. 韩愈、重要的文学家、朴实、散文、“唐宋八大家之首”、著名的散文、《师说》《马说》《原毁》、中唐时期

你的记忆：________________

4. 唐明皇与杨贵妃、清代、昆曲艺术、代表作品、洪升、《长生殿》、爱情故事

你的记忆：________________

____

参考答案：

1. 有一个人戴着表和桌子（代表作）坐在乌篷船上写充满趣味的散文，这里（哲理）风吹动着鸽子（风格）把坠落的气球（追求）统一做成了一盘芝士（知识），还给周作人送上了一包可以冲淡了喝的苹果核（平和）牌饮料。

2. 曹禺是一位现代著名剧作家，是《北京人》，他喜欢戴着表和桌子（《代表作》）去看一些话剧，还喜欢在下《雷雨》的时候站在《原野》上看《日出》。

3. 韩愈扑在石头（朴实）上写散文，经过努力成为中唐时期重要的文学家，被誉为“唐宋八大家”之首，他著名的散文里写着一匹马对着老师说（马说、师说）：“原来是你把我给毁了（原毁）。”

4. 清代的洪升在长生殿上写唐明皇与杨贵妃的爱情故事，最后却写成了昆曲艺术的代表作品。

画重点

⊕采用链式记忆的时候一定要使用“我自己”这个场景，只有使用“我自己”才会让自己感受到的故事更加真实。

⊕在链式记忆中，如果你能把“假装”“好像”“假设”“如果是”等这些隔离自己情感的词语去掉的话，大脑在记忆的时候才会真正地感受到真实。

⊕在刚开始尝试链式记忆时，可以放慢记忆的速度，但复习的时候，每项资料都要清晰地再现你创立的联想，并保持100%的正确率。

专栏五　古文古诗精确记忆

学业中离不开古文古诗的学习，很多家长为了“不让孩子输在起跑线上”，更是让孩子在牙牙学语的初始阶段就开始对唐诗宋词的记忆，少的几十首，多的上百首。等孩子上学了，还是始终离不开古文古诗的记忆。

很多同学遇到古诗词总是犯怵，不知道该怎么记忆，最后好不容易像念经一样死记硬背好了，可不到三天，全部又忘了。现在市面上兴起成人学习国学的热潮，很多人都报了国学班，学习后发现一个最严重的问题：能理解内容，但是就是记不下来，这就导致了在运用的时候无法对原文进行提取。如果你熟练地掌握了链式记忆的两大方法，在记忆古文古诗词的时候就方便和容易多了。

运用链式记忆，我们可以把古文古诗词进行形象再现，先辈留下的好的古文古诗词都有生动鲜明的形象，调动我们的五觉感官，在头脑中再现古文古诗词的意境和画面，或者将它幻化成一个形象鲜明、生动活泼的画面，同时利用谐音转换把看似生僻拗口的古文古诗词内容和画面融合在一起。在复习和运用的时候，只需要把幻化过的场景画面还原成古文古诗词的原文就可以了。

例如，请将下面这段《少年中国说》的节选部分用5分钟时间完成记忆。

《少年中国说》（节选）梁启超

红日初升，其道大光；河出伏流，一泻汪洋；潜龙腾渊，鳞爪飞扬；乳虎啸谷，百兽震惶；鹰隼试翼，风尘吸张；奇花初胎，矞矞皇皇；干将发硎，有作其芒；天戴其苍，地履其黄；纵有千古，横有八荒；前途似海，来日方长。

对于这段古文，可以直接这样幻化：

梁启超和一个少年站在中国大地上说：一轮红色的太阳（日）刚刚（初）升起来，发出了七道（其道）大的光亮；一条河里浮出（出伏）一头牛（流），一只螃蟹（泻）游到了汪洋大海；潜藏在水里的龙翻腾着深渊，身上的鳞片和爪子在空中飞扬；正在吃乳汁的老虎看见了，发出的啸叫回荡在山谷里，一百只野兽被震得惊惶失措；老鹰和隼试着拍打自己的羽翼，让风把尘土吸起来，到处都很脏（张）乱；奇怪的花出（初）现了胎芽，两条鱼（矞矞）是黄黄（皇皇）的；干将去理发店做了个发型（发硎），又做（有作）了其他人要吃的芒果；天上有个袋（戴）子，其中装了很多苍蝇，地里（地履）挖出了一些黄金；纵向有一千只鼓（古），横向有八块荒芜的地；前途像（前途似）海一样宽广，来年的日子一定要做个方丈（方长）。

下面这两段古诗词的记忆需要你自己进行幻化，完成后与参考答案作对比，看看有哪些不同。

1.《江城子・密州出猎》宋・苏轼

老夫聊发少年狂，左牵黄，右擎苍。锦帽貂裘，千骑卷平冈。为报倾城随太守，亲射虎，看孙郎。酒酣胸胆尚开张，鬓微霜，又何妨，持节云中，何日遣冯唐？会挽雕弓如满月，西北望，射天狼。

你的幻化：____

____

____

____

我的幻化：江城子这个人刚到密州就出去打猎，送（宋）走苏轼后，看见一对老夫妇撂（聊）着头发像少年一样张狂，左手牵着黄狗，右手擒（擎）拿着苍鹰。戴着锦缎做的帽子，穿着貂裘，带着一千骑马卷起尘土跑过平的土岗，为了报答倾城这个人，就追随太守，亲自射了一只老虎，还看望自己的孙子和儿郎。一个喝酒的汉（酣）子卖的熊胆（胸胆）还尚未开张，鬓角就微微有了白色的霜，有何方（又何妨）知道？劫持自己的姐姐（节）飞到云中间，不知何日才被遣送回冯唐这个地方？开会的时候挽起射雕的弓箭如天上的满月一样，朝着西北望去，射下了天上的那只狼。

2.《道德经》（第三十五章 老子）

执大象，天下往。往而不害，安平太。乐与饵，过客止。道之出口，淡乎其无味，视之不足见，听之不足闻，用之不足既。

你的幻化：____

____

____

____

我的幻化：我编织（执）了一头大象和一张能罩住天下万物的网。这么大的网儿（往而）子一点也不害怕，还给我安装了一个平台（平太）。说着粤语（乐与）的儿（饵）子，过路的客人听他讲得停止走动了。稻子（道之）出口到国外后，蛋糊（淡乎）等其他食物都没有（无）味道了，买了一张湿纸（视之）巾，却被部族（不足）的人看见抢走了，亭子（听之）也贴上了部族（不足）的文（闻）章，连用纸（用之）的数量也要部族（不足）寄（既）来。

第五章

数字记忆法

第一节　数字图码记忆

在学习过程中，除了要记忆文字资料之外，还必须要记忆数字资料。各种各样的数字资料在工作和生活中占有相当大的比重，比如历史年代、科学研究数据、机构或物品代码、证件号码、电话号码、密码、会计数据、统计数据、股票信息以及商品价格等。

记忆数字，几乎所有人都觉得困难，因为所有的数据都是由0~9这10个基本的阿拉伯数字中的一个或多个组合而成。这些数字一旦组合起来就变得神秘莫测，变化无穷。

和文字资料的记忆相比较，数字资料的记忆要难得多，汉字不仅可以转化成具体的形象，而且还有其鲜明的个性，数字就显得十分枯燥无味了，没有明显的逻辑性和规律性，很难找到明显的联系，尤其是有些数据资料之间还有很大的相似性，更会让我们在记忆的时候混淆。

那么那些过目不忘的天才是怎样记住圆周率小数点后100位数字的呢？那是他们先对这些数字资料进行恰当的转化后才开始记忆的。转化分为两种，一种是转化成生活中随处都看得见、摸得着的形象，比如把数字转化成“月饼”“钥匙”“望远镜”“巴士”等事物的图像，这种转化叫作数字图码记忆。另一种是把数据资料直接谐音转化，这种方法广泛运用在一些历史年代等短数据资料上，效果非常不错。只要熟练运用这两种方法，就可以轻松应对大量的数据资料了。

我相信大多数人在很多电影中都看过这样的场景：一个发报员在进行发报操作，发报机发出不同的音符，而另一边的接收员则根据这不同的音符快速写出一组组数字，然后再把数字破译成一段话。这其实就是用的数字图码记忆，只不过他们把数字编译成了文字，而我们却要把数字编译成事物的具体图像。

采用数字图码记忆的时候，必须对从0~100这111个数字进行图码转换，然后用最短的时间把每一个数字转换后的图像牢牢存储在我们的大脑里，最基本的要求就是遇到一个数字，你能在3秒钟之内反应出它的图码。

在我们的训练班里，90%的学员都能在1小时之内把这些图码完整地记忆。那如何才能用最短的时间记住这些数字图码呢？或者说有没有什么诀窍呢？答案是肯定的。现在就请你跟着我一起来掌握设立数字图码的四个关键法则，只要你掌握这四个关键法则，反复回顾几遍，你也可以在数字与设立的图码之间轻松转换了。

第一个法则　外形看一看

一些数字组合跟生活中的一些实物在外形上非常相似。通过想象，把这些数字组合直接转换成我们经常接触的实物，这些实物的图像就成了记忆数字的图码。例如，看到数字“1”就联想到“木棍或者火柴”，看到数字“2”就联想到“鸭子或者丹顶鹤”，看到数字“4”就联想到“帆船”，看到数字“11”联想到吃饭的“筷子”。从数字的外形联想到实物没有标准答案，只要你觉得数字跟生活中的实物外形相似就可以。

第二个法则　读音谐一谐

不断变化的数字世界里，总有一些数字的组合让我们根据它原有的读音通过人类大脑智力的延展，可以轻易转换成一种相似的发音。这种发音恰恰是我们常见事物本来的名称，通过这样的转换，本来枯燥无味的数字立刻变得鲜活生动，只要看到这种具体的事物或者听到它们的名称，我们就能快速调取出这组数字资料。例如，“14”可以谐音成“钥匙”，“19” 谐音成“药酒”，“28” 谐音成“恶霸”，“59” 谐音成“兀鹫”，还有更多的数字可以转换，但谐音转化的精髓是转化的图码要得当，千万不要滥用。

第三个法则　节日找一找

几个世纪以来，各种观念的联想吸引着哲学家们的注意。联想主义之父、伟大哲学家亚里士多德经过研究发现，人们总自觉地制造一些联想，并为了特定的、具体的理由加以使用。在数据图码运用的过程中，可以轻易地找出一些数字，借由联想和一些节日联系起来，这些数字经由节日场景的视觉或者声音冲击就自然而然成为我们长期的记忆。例如，由数字“38”就会想到三八妇女节，数字“51”就会想到五一劳动节，数字“61”就想到六一儿童节，数字“71”就想到七一建党节党的生日，数字“77”就会想到神话故事中牛郎织女鹊桥相会的日子，也可以想到“七七卢沟桥事变”。当然还可以自由设定更多，前提是在你熟练的情况下。

第四个法则　字面想一想

在这个法则中，我要表达一个重要的观点：只要是能自发地利用、倡导发散思维的人，一定是可以练就超强记忆力的人。同样，富有创造精神的人，会利用每个抽象的资料或者概念，积极寻求有趣的联想，作为发现新事物或者新形象的跳板，通过字面塑造出独特具体的形象。在进行数字资料记忆的时候就需要数据组合创造、发掘、加工出有关的物品、动作、韵律、情感等图码，以此作为识记和回忆它的线索。例如，看到数字“5”就联想到“手掌”，因为手掌上有5个手指头；数字“12”就想到“闹钟、手表”，因为它们都有12个时间刻度；数字“46”就会想到“骆驼”，通过“46”的字面我们联想到古代“丝路”的交通工具是“骆驼”；数字“87”就会想到“妈妈”，“87”的字面可以联想到爸爸的妻子，当然就是妈妈了。

画重点

⊕和文字资料的记忆相比较，数字资料的记忆要难得多，没有明显的逻辑性和规律性，很难找到明显的联系。

⊕我们可以从外形、读音、节日、字面四个方面创设自己的数字图码。

⊕采用数字图码记忆，最基本的要求就是遇到一个数字，你能在3秒钟之内反应出它的图码。

专栏六 111个数字图码

现在，就让我们开启创造性思维吧，根据以上四大法则，轻松设定0~100这111个数字图码：

数字	实物	关键法则	图形
1	木棒	外形看一看，数字1的形状和木棒相似	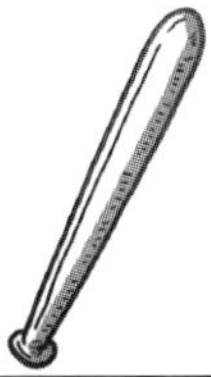
2	鸭子	外形看一看，数字2跟鸭子的外形相似	
3	伞	读音谐一谐，数字3直接谐音成伞的发音	
4	帆船	外形看一看，数字4跟帆船的外形相似	
5	手掌	字面想一想，手掌上有5个手指头	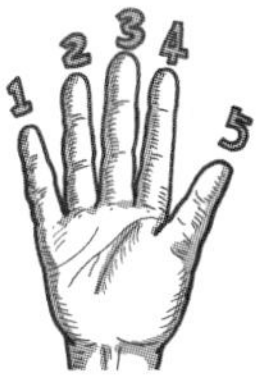

续表

数字	实物	关键法则	图形
6	口哨	外形看一看，数字6跟口哨的外形相似	
7	锄头	外形看一看，数字7跟农民伯伯使用的锄头外形相似	
8	葫芦	外形看一看，数字8跟葫芦的外形相似	
9	猫	字面想一想，我们常说猫命大，有9条命	
10	棒球	外形看一看，数字1就像是一个球杆，0就像球，组合起来就是棒球	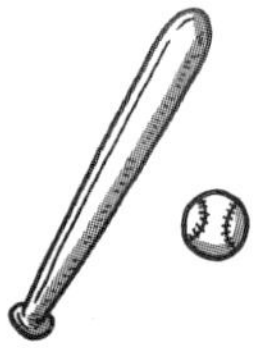
11	筷子	外形看一看，数字11跟我们吃饭用的一双筷子相似	

续表

数字	实物	关键法则	图形
12	闹钟	字面想一想，由数字 12 就想到钟表的 12 个刻度	
13	假山	读音谐一谐，数字 13 直接谐音成石山的发音，石头做的山就是假山	
14	钥匙	读音谐一谐，数字 14 的发音可以谐音成锁门用的钥匙	
15	月饼	节日找一找，由数字 15 想到中国的传统节日中秋节——八月十五	
16	石榴	读音谐一谐，数字 16 直接谐音成水果石榴的发音	
17	仪器	读音谐一谐，数字 17 直接谐音成仪器的发音，而显微镜就是一种仪器	

续表

数字	实物	关键法则	图形
18	钞票	读音谐一谐，数字18直接谐音成要发的发音，代表物是钞票	
19	药酒	读音谐一谐，数字19就谐音成药酒的发音	
20	鸭蛋	外形看一看，数字2是鸭子，鸭子下了个蛋0，当然就是鸭蛋了	
21	鳄鱼	读音谐一谐，数字21直接谐音成动物园里鳄鱼的发音	
22	鸳鸯	外形看一看，数字22跟成双入对出现的鸳鸯相似	
23	乔丹	字面想一想，由数字23就想到乔丹的球衣号码是永远的23号	

续表

数字	实物	关键法则	图形
24	粮食	读音谐一谐，数字24直接谐音成粮食的发音	
25	二胡	读音谐一谐，数字25直接谐音成一种乐器二胡	
26	溜冰鞋	字面想一想，由数字26想到两只脚在溜冰，就需要穿溜冰鞋	
27	耳机	读音谐一谐，数字27直接谐音成耳机的发音	
28	恶霸	读音谐一谐，数字28直接谐音成恶霸的发音	
29	瘦子	字面想一想，由数字29可以想到饿久了就成了瘦子	

续表

数字	实物	关键法则	图形
30	山洞	读音谐一谐，数字30直接可以谐音成山洞的发音	
31	山妖	读音谐一谐，数字31谐音成山妖的发音，山妖的代表就想到白骨精	
32	扇儿	读音谐一谐，数字32直接谐音成扇儿的发音	
33	蝴蝶	外形看一看，把数字33两个3背对着背来写，就是一只蝴蝶的外形	
34	狮子	读音谐一谐，数字34直接谐音成山狮的发音，即山上的狮子	
35	香烟	字面想一想，由数字35想到35牌香烟	

续表

数字	实物	关键法则	图形
36	奶粉	字面想一想，由数字36想到了三鹿奶粉事件	
37	山鸡	读音谐一谐，数字37谐音成山鸡的发音	
38	妇女	节日找一找，由数字38想到三月八日是妇女节	
39	药片	字面想一想，数字39通过字面就想到999牌感冒药	
40	司令	读音谐一谐，数字40直接谐音成司令的发音	
41	司仪	读音谐一谐，数字41直接谐音成司仪的发音	

续表

数字	实物	关键法则	图形
42	柿儿	读音谐一谐，数字42直接谐音成柿儿的发音	
43	雪山	字面想一想，数字43听起来像湿山，雪山永远都是湿的山	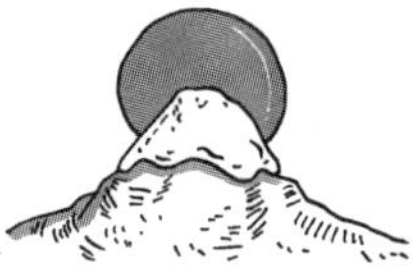
44	圣诞树	外形看一看，把数字44两个4背对着背写出来，就像一棵圣诞树	
45	师傅	读音谐一谐，数字45直接谐音成师傅的发音	
46	骆驼	字面想一想，数字46通过字面想到丝绸之路，丝绸之路上用骆驼运输	
47	司机	读音谐一谐，数字47直接谐音成开车的司机的发音	

续表

数字	实物	关键法则	图形
48	丝瓜	读音谐一谐，数字48直接谐音成吃的蔬菜丝瓜的发音	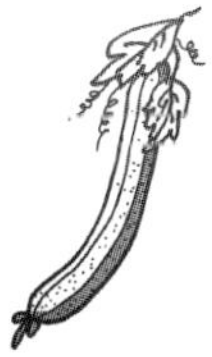
49	狮子狗	读音谐一谐，数字49直接谐音成狮子狗的发音	
50	李小龙	读音谐一谐，数字50谐音成武林的发音，李小龙是个武林高手	
51	工人	节日找一找，数字51在节日里面就是国际劳动节，工人的节日	
52	木耳	读音谐一谐，数字52直接谐音成木耳的发音	
53	武术衫	读音谐一谐，数字53谐音成武衫的发音，练武穿的衬衫就是武术衫	

续表

数字	实物	关键法则	图形
54	武士	读音谐一谐，数字54直接谐音成武士的发音	
55	钩子	外形看一看，数字55像挂东西用的钩子	
56	母鹿	读音谐一谐，数字56直接谐音成母鹿的发音	
57	枪	字面想一想，数字57通过谐音我们可以想到武器，武器的代表就是枪	
58	尾巴	读音谐一谐，数字58直接谐音成尾巴的发音	
59	兀鹫	读音谐一谐，数字59直接谐音成一种猛禽兀鹫的发音	

续表

数字	实物	关键法则	图形
60	柳林	读音谐一谐，数字60直接谐音成柳林的发音	
61	儿童	节日找一找，由数字61可以想到儿童节	
62	牛儿	读音谐一谐，数字62直接谐音成牛儿的发音	
63	硫酸	读音谐一谐，数字63直接谐音成硫酸的发音	
64	螺丝	读音谐一谐，数字64直接谐音成螺丝的发音	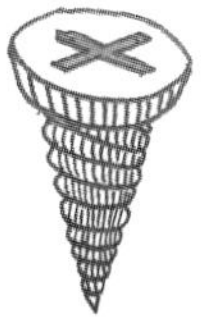
65	锣鼓	读音谐一谐，数字65直接谐音成锣鼓的发音	

续表

数字	实物	关键法则	图形
66	鱼	字面想一想，由数字 66 就想到滑溜溜的鱼	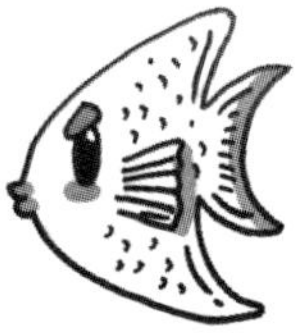
67	油漆	读音谐一谐，数字 67 直接谐音成油漆的发音	
68	喇叭	读音谐一谐，数字 68 直接谐音成喇叭的发音	
69	漏斗	读音谐一谐，数字 69 直接谐音成漏斗的发音	
70	气筒	读音谐一谐，数字 70 直接谐音成气筒的发音	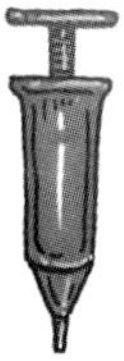
71	红旗	节日找一找，数字 71 对应党的生日七月一日	

续表

数字	实物	关键法则	图形
72	企鹅	读音谐一谐，数字72直接谐音成企鹅的发音	
73	旗杆	读音谐一谐，数字73直接谐音成旗杆的发音	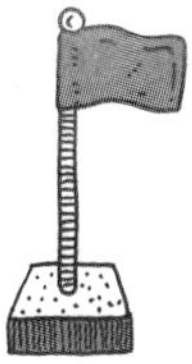
74	骑士	读音谐一谐，数字74直接谐音成骑士的发音	
75	西服	读音谐一谐，数字75直接谐音成西服的发音	
76	气流	读音谐一谐，数字76直接谐音成气流的发音	
77	卢沟桥	字面想一想，由数字77想到了“七七卢沟桥事变”	

续表

数字	实物	关键法则	图形
78	西瓜	读音谐一谐，数字78直接谐音成西瓜的发音	
79	气球	读音谐一谐，数字79直接谐音成气球的发音	
80	百灵	读音谐一谐，数字80直接谐音成百灵的发音	
81	解放军	节日找一找，数字81就是八一建军节，解放军的节日	
82	白鹅	读音谐一谐，数字82直接谐音成白鹅的发音	
83	花生	外形看一看，数字83中的8和3从外形看分别像整个花生和一半花生	

续表

数字	实物	关键法则	图形
84	巴士	读音谐一谐，数字84直接谐音成巴士的发音	
85	金元宝	字面想一想，由数字85的字面想到宝物，金元宝是宝物的一种	
86	八路军	读音谐一谐，数字86直接谐音成八路的发音，形象点就是八路军	
87	妈妈	字面想一想，由数字87通过字面想到爸爸的妻子，所以是妈妈	
88	爸爸	读音谐一谐，数字88直接谐音成爸爸的发音	
89	八角	读音谐一谐，数字89直接谐音成一种香料八角的发音	

续表

数字	实物	关键法则	图形
90	酒瓶	读音谐一谐，数字90直接谐音成酒瓶的发音	
91	旧衣服	读音谐一谐，数字91直接谐音成旧衣的发音，为了方便记忆就记成旧衣服	
92	酒窝	读音谐一谐，数字92直接谐音成酒窝的发音	
93	救生圈	读音谐一谐，从数字93直接谐音成救生圈的发音	
94	医生	读音谐一谐，数字94直接谐音成救死的发音，从而联想到救死扶伤的医生	
95	酒壶	读音谐一谐，数字95直接谐音成酒壶的发音	

续表

数字	实物	关键法则	图形
96	酒楼	读音谐一谐，数字 96 直接谐音成酒楼的发音	
97	香港	节日找一找，由数字 97 想到 1997 年香港回归	
98	酒吧	读音谐一谐，数字 98 直接谐音成酒吧的发音	
99	澳门	节日找一找，由数字 99 想到澳门 1999 年回归	
100	方便面	字面想一想，由数字 100 想到某明星代言方便面广告	
01	人妖	读音谐一谐，数字 01 直接谐音成泰国的人妖的发音	

续表

数字	实物	关键法则	图形
02	铃儿	读音谐一谐，数字02直接谐音成铃儿的发音	
03	大佛	字面想一想，数字03通过字面可以联想到乐山大佛	
04	零食	读音谐一谐，数字04直接谐音成吃的各种零食的发音	
05	动物园	读音谐一谐，数字05直接谐音成动物的发音，为了形象点，就叫作动物园	
06	牛奶	字面想一想，数字06直接谐音成拧牛的发音，拧牛的动作是为了挤牛奶	
07	空调	字面想一想，数字07直接谐音成冷气的发音，而空调可以制造冷气	

续表

数字	实物	关键法则	图形
08	冬瓜	读音谐一谐，数字08直接谐音成蔬菜冬瓜的发音	
09	菱角	读音谐一谐，数字09直接谐音成菱角的发音	
00	望远镜	外形看一看，数字00跟望远镜的外形很相似	
0	嘴巴	外形看一看，数字0跟人张开的嘴巴很相似	

以上设立的这111组数字图码非常重要，要求各位读者必须熟练地掌握，看到数字就能在3秒钟内反应出对应的图码。记住这些图码，不光可以提升记忆数字资料的速度，还可以增强我们处理各种复杂信息的能力。随着记忆速度的提高和图码转换能力的加强，你甚至可以根据自己的经历和兴趣爱好给这111组数字设立更多不同的图码。但前提是，一定要掌握数字图码设定的四大原则。

第二节　数字资料整体谐音转换记忆

在学习资料中，有非常多的数字资料需要记忆，这时就可以运用数字资料整体谐音转换的记忆方法，把枯燥无味、晦涩分散的数字资料瞬间变成活生生的记忆材料。这些数字资料经过整体的谐音转换后，被赋予了灵性和活力，变得妙趣横生。经过这样的转换训练后，你的想象力、转换能力以及创造性，都会大幅度提升。

我看过这样一个故事，从前有一位私塾先生，要学生们熟背圆周率小数点后30位数。布置好作业后，就到山上的寺庙与和尚吃酒去了。一伙调皮的学生在打打闹闹中根据这30个数字编排了一首嘲弄师父的顺口溜。夕阳西下，先生下山了，看见学生们还在闹腾着，突然抓住一个学生背诵这30位数字，学生情急之中就把这顺口溜用当地的方言说了一遍：“山巅一寺一壶酒，尔乐苦煞吾，把酒吃，杀不死，遛尔遛死，扇扇刮，扇耳吃酒。”一边念，一边还指着山顶做着喝酒、摔死、扇耳光等动作。先生哪知其中的缘故，一听学生背得一字不差，很高兴，还大加夸奖。这个故事实际上就是把数字资料运用整体谐音转换后进行记忆的典型。

那如何进行整体谐音转换呢？根据我这么多年的教学总结发现，选择数字资料整体谐音转换只要把握两个大的原则就可以了。

原则一　遇到数字需要进行单一转换的时候尽量与原数字读音靠拢，越近似越好，或者以大家约定成俗的发音出现也可以

比如，1运用读音可以转换成“衣”，也可以转换成约定成俗的发音“幺”；0运用读音可以转换成“零”，同样也可以转换成约定成俗的发音“洞”。对于初学者来说，为了保证效果，最好自己订立一个规则，在这两种方式中选择一种成为自己固定的转换方式，以避免数字太多出现混淆，在还原成原有资料的时候无法一一对应。在这里，我们对0~9这10个阿拉伯数字进行单一转换，对照如下：

0 转换为：零、铃、陵、岭、羚、邻、菱、领、洞、桶、动、通、冻、东、洞；

1 转换为：一、衣、依、倚、椅、仪、义、艺、益、医、移、腰、要、药、舀、摇、瑶、妖、幺；

2转换为：二、而、儿、耳、尔、阿、饿、恶、两、凉、梁、俩、量；

3转换为：三、山、伞、散、闪、珊、善、鄯、扇；

4转换为：四、狮、寺、事、是、死、斯、丝、撕、师、私、丝、屎；

5转换为：五、吾、屋、雾、勿、无、舞、胡、瑚、武、务、父、悟、乌、吴；

6转换为：六、柳、溜、琉、流、牛、留、刘；

7转换为：七、妻、栖、吃、棋、旗、器、西、凄、齐、起、砌、乞、气；

8转换为：八、发、爸、拔、爬、扒、坝、霸、罢、靶；

9转换为：九、酒、舅、旧、灸、韭、久、鹫、就、柩、鸠。

当我们把单一的数字资料转换成同音的汉字或者约定成俗的发音后，就给予它们一种新的生命力，在记忆的时候就会让大脑产生新的联想，这些联想会发散出特殊或新颖的意义，让我们真正做到过目不忘。

现在，我们看看下面这些资料，采用谐音转换后，记忆就很简单了。

例1：587019484

谐音转换：我抱起你（5870）领药酒（019），是不是（484）。

例2：1644

谐音转换：一路死尸（1644）。

例3：895313551749

谐音转换：把酒壶（895）闪一闪（313）舞舞腰（551）去吃酒（749）。

原则二　**遇到文字和多位数字资料同时存在的情况，进行整体转换的时候务必让形象和画面尽可能奇特、鲜明、活泼，尤其是记忆多数据资料时，如果能组织一条主线对转换后的资料进行串联，增加与外部的某种联系，达成的记忆效果会更好。**

我还很清楚地记得我上学的时候，物理老师教全班同学记忆三个宇宙速度数值的情景，其实采用的就是运用谐音对文字和数字进行整体转换的方法，他是这样来帮我们记忆的：

V_1=7.9千米/秒，把7.9谐音成：吃点酒；

V_2=11.2千米/秒，把11.2谐音成：要一点儿；

V_3=16.7千米/秒，把16.7谐音成：要留点吃。

最后把这三个转换后的谐音句子串联成了一个故事：一个外星人以很快的速度从其他星球来到了地球上，唯一的要求就是向地球人“吃点酒”，外星人喝了酒之后，在离开地球时又向地球人“要一点儿”酒带走，地球人问他把酒带走干什么，他说“要留点（回去）吃”。经过这样的整体转换后，全班的同学都很快就记住了这三个宇宙速度。

现在我们来看看下面的这些资料：

例1：马克思诞辰于1818年5月5日。

谐音记忆：马克思一出生就伸出手一巴（18）掌一巴（18）掌地打得别人呜呜（55）直哭。

例2：中日《马关条约》签订于1895年。

谐音记忆：中日《马关条约》签约的时候得到了一把酒壶（1895）。

例3：长江全长6300千米。

谐音记忆：量长江长的时候楼上（63）出现了一些洞洞（00）。

画重点

⊕遇到数字需要进行单一转换的时候尽量与原数字读音靠拢，越近似越好。

⊕为了保证效果，在多种数字转化方式中选择一种成为自己固定的转换方式，以避免数字太多出现混淆。

⊕记忆多数据资料时，如果能组织一条主线对转换后的资料进行串联，增加与外部的某种联系，达成的记忆效果会更好。

专栏七 长段数据资料记忆

现在，我们运用这些图码，对长段数据资料进行快速记忆。在开始之前，请你闭上眼睛，从“0”开始一直背诵到“100”，当背诵完成后，请在下面的方框中写出各个数字对应的图码。

59	82	03	17	98	67
44	13	34	95	01	26
12	29	47	08	79	30
53	42	09	58	21	83

写完之后，请你运用前面章节中学习的链式记忆，把以上表格中的各个图片锁链或者串联成生动有趣的场景影像，并将整个场景影像写在下面的横线上：____

____

写完后，在脑海中回想一下刚才我们写的场景影像，回想完成后，在下面的横线上依次写出刚才每个图码所代表的数字：

____

现在，对照一下答案，如果方格里有写不出来或者写错的部分，请立刻找出原因，然后用锁链或者串联再强化一下影像，使遗漏的部分在脑海中刻画得更加清晰生动。很多初学者写不完全的原因是，只记忆了联想的“文字”，而不是记忆了数字转换过后的“图码”。那如何区别到底是记忆了文字还是图码呢？很简单，看看你闭上眼睛后，脑海中有没有图像清晰地浮现。如果有，证明你是记忆了图码；如果没有，则证明你记忆的是文字。

如果上面的数字全部写正确了，恭喜你，你已经掌握了记忆长段数据资料的方法了，现在，请继续对下面的长段数据资料进行练习，并把自己链式记忆的场景影像写在下面的横线上。

1. 15 78 03 67 89 02 64 51 57 83 94 74 65 31 80 30

你的场景影像：

____

____

参考场景影像：我一手抓着月饼（15），一手拎着一个大西瓜（78）走到大佛像（03）面前，看见红色的油漆（67）泼在芭蕉（89）树和铃儿（02）上面，堆得像小山似的螺丝（64）被工人（51）做成了枪（57），去抢来了很多花生（63）。成群结队的医生（94）和骑士（74）敲着锣鼓（65）把山妖（31）白骨精和一群百灵鸟（80）赶进了黑乎乎的山洞（30）里。

2. 45 76 38 18 67 49 21 03 57 64 21 82 53 74 99 00 18 71 84 79

你的场景影像：

____

____

参考场景影像：我的师傅（45）被一阵气流（76）吹到了天空中，看见一群妇女（38）把钞票（18）藏在油漆（67）桶里，一只狮子狗（49）赶着一只鳄鱼（21）去大佛像（03）那里运送枪支（57）和螺丝（64）钉，鳄鱼（21）在路上很残暴地把一只白鹅（82）吃掉了，这时，一个披着武术衫（53）的骑士（74）和舅舅（99）拿着望远镜（100）找到了那些钞票（18），拿着这些钞票买来了很多红旗（71）插在了所有的巴士车（84）和热气球（79）上。

专栏八　数据与文字材料记忆

经过前面的练习，我相信你已经熟练掌握了这111组数字图码了。为了让你更深刻地体验数字记忆法带来的益处，我们现在要记忆数据和文字抽象材料相结合组成的材料，这是一种新的记忆模式。运用我们的智慧和创造力，看看会有什么奇迹发生吧。

请快速记忆下面的20项文字材料。

1. 成语接龙　2. 变化莫测　3. 中华大地　4. 全球变暖　5. 和谐社会

6. 清风明月　7. 人民币升值　8. 望梅止渴　9. 不断提升　10. 职位晋升

11. 万里飘雪　12. 飞龙在天　13. 信守承诺，没有借口　14. 提升价值

15. 建立心像　16. 围魏救赵　17. 借尸还魂　18. 本草纲目　19. 扬名立万

20. 举杯邀明月

上面这些乱七八糟、毫无规律的材料，如果要死记硬背，我相信很多人都要花大量的时间，还不一定能完整地记忆。但是，如果我们运用数字图码，对这些材料转换后进行结合记忆的话，奇迹就立刻出现了。

1. 成语接龙

记忆：想象自己扛着一个木棒拿着成语书去海里接龙王来我家玩耍。

2. 变化莫测

记忆：一群鸭子在水里不断变化游泳的姿势，原来是魔（莫）鬼在测试它们。

3. 中华大地

记忆：一个大力士撑着一把巨大的伞，一下子把中华大地上的所有东西给遮住了。

4. 全球变暖

记忆：很多帆船排出了很多废气和二氧化碳，导致全球的气候变暖了。

5. 和谐社会

记忆：很多人戴着手套看见河（和）里的螃蟹（谐）和蛇（社）汇（会）集在一起。

6. 清风明月

记忆：想象自己用口哨吹着优美动听的歌曲，清风和明月都向你伸出大拇指。

7. 人民币升值

记忆：想象自己扛着锄头去地里挖出了很多人民币，皇帝知道了，送给你了一道圣旨（升值）。

8. 望梅止渴

记忆：想象自己吹着葫芦丝，望着一大片梅花，还是止不住咳（渴）嗽。

9. 不断提升

记忆：想象一只猫为了练习抓老鼠，去吃在地上不断提起的那条绳（升）子。

10. 职位晋升

记忆：想象自己打棒球获得了世界冠军，职位立刻从经理晋升到了总裁。

11. 万里飘雪

记忆：一群小朋友拿着筷子去夹住了从一万公里外飘过来的雪花。

12. 飞龙在天

记忆：想象自己把闹钟摆放在桌子上的时候看见一条飞舞的龙在天上遨游。

13. 信守承诺，没有借口

记忆：想象我们要修一座假山，找的都是一些新手（信守），不小心把称（承）挪（诺）动了，煤油（没有）灯的接口（借口）露了出来，引发了火灾。

14. 提升价值

记忆：想象我们拿着钥匙、提着绳（升）子去给一个人做假肢（价值）。

15. 建立心像

记忆：想象中秋节爸爸吃了月饼后就拿着简历（建立）去观察天上的星象（心像）。

16. 围魏救赵

记忆：想象很多人吃着石榴围着围（魏）巾去看舅（救）妈照（赵）相。

17. 借尸还魂

记忆：拿着仪器去借了一个尸体回来做检查，检查的时候这个尸体却活了（还魂）过来。

18. 本草纲目

记忆：想象自己拿着很多钞票买了一大堆《本草纲目》回来。

19. 扬名立万

记忆：想象自己喝药酒很厉害，千杯不醉，是杨明（扬名）和李婉（立万）这两个人把我训练成这样的。

20. 举杯邀明月

记忆：我一边吃鸭蛋，一边举起杯子邀请明亮的月亮来一起喝酒。

这20项资料已经全部记完了。请你闭上双眼，从第1项资料开始回忆，一直回想到第20项资料结束，看看自己是不是很轻松就记下了这20项资料以及对应的顺序？甚至你还可以接受别人的任意抽背，是不是能让他们目瞪口呆？

专栏九　数据资料的综合记忆运用

在对数字资料进行综合记忆的时候，必须把握三个最重要的原则。

原则一　记得快

就人们的记忆习惯而言，针对不超过6个纯数字组成的资料而言，直接记忆数据要比对数据整体谐音转化和图码记忆要快，但如果数据过多的话，就会因为数据资料的相似性，而发生混淆。由于我们记忆数据的目的在于以后熟练地运用，所以，光“记得快”还不够，还必须“记得牢”。

原则二　记得牢

在我们的教育试验中，我发现学员们只要熟练掌握数字图码和数字资料整体谐音转化的方法，在记忆数据资料的时候，都能体会到这样的方式带来的非常好的效果，而且在需要运用的时候，都能快速从大脑里面调取出以前赋予数据资料的各种具体形象，从而还原成需要的数据。

原则三　记得准

在记忆数字资料的时候，不能有半点含糊，必须精准，正因为有这样的特点，所以记得准比什么都重要，所谓“差之毫厘，谬以千里”讲的就是这个道理。在采用图码记忆和整体谐音转换记忆的时候，由于我们人为地加工过，看似多花了些时间，但最终完整地记住了数据，达成了自己的目标，是非常值得的。

把握了这三个重要的原则后，现在就开始记忆这些综合资料吧。

1. 公元前2070年，夏朝建立

参考记忆：夏朝建立的时候，所有在公园前出生的人早上要挨2个嘴巴子，晚上又要挨7个嘴巴子。

2. 公元1276年，忽必烈灭掉南宋

参考记忆：忽必烈陪自己的“幺儿骑牛”一起庆祝南宋灭亡。

3. 美国在1776年召开第二届大陆会议，发表《独立宣言》

参考记忆：美国召开第二届大陆会议，发表了《独立宣言》后，所有的代表“一起骑牛”回家。

4. 郑和下西洋始于1405年

参考记忆：郑和下西洋始于把钥匙掉进了动物园的那一年。

5. 赤道全长 40076 公里

参考记忆：司令扛着空调吹着口哨绕着赤道跑了一圈。

下面这些请你完成。

6. 英法在1856年挑起第二次鸦片战争

你的记忆：____

7. 世界第一高峰珠穆朗玛峰8844.43米

你的记忆：______________________________

8. 南北回归线在23° 26′ 纬线

你的记忆：______________________________

9. 医院电话：89354201

你的记忆：______________________________

10. 拿破仑生日 1769年8月15日

你的记忆：______________________________

11. 乞力马扎罗山海拔 5895 米

你的记忆：______________________________

12. 美国独立战争爆发于1775年4月19日

你的记忆：______________________________

13. 光速每秒299793公里

你的记忆：______________________________

14. 122574791174561683130

你的记忆：______________________________

15. 1876 俄罗斯 芭蕾舞剧《天鹅湖》柴可夫斯基 培帝巴

你的记忆：______________________________

参考记忆：

6. 英法挑起第二次鸦片战争时候，你拿着钞票买了很多只母鹿来喂养。

7. 爸爸扛着圣诞树去爬雪山，爬上了世界第一高峰珠穆朗玛峰。

8. 乔丹穿着溜冰鞋在南北回归线的纬线上溜冰。

9. 我们在找医院电话的时候，看见芭蕉树上挂着的香烟和柿儿被人妖给吃了。

10. 拿破仑生日那天仪器堵住了漏斗，同时那天还是中国的中秋节。

11. 乞力马扎罗山海拔需要拿着一个尾巴插在酒壶里才能量出来。

12. 美国独立战争爆发的时候，所有的仪器和西服都装在帆船里去换取一瓶药酒。

13. 一个瘦子跑到香港去买了一个救生圈后，游泳的速度跟光速一样快。

14. 圣诞节那天我乘的747飞机发生了“911恐怖事件”，气死我了，我就从飞机上跑下来一路爬山，一口气爬到了十三陵那个地方。

15. 我乘着一辆876路公交车去俄罗斯看芭蕾舞剧，看着看着一只天鹅从湖里飞起来对着柴可夫斯基说：“你赔（培）我一块地吧（帝巴）。”

第六章

信箱记忆法

第一节 设立信箱的要点

谈到信箱记忆法，我们一定会想到自己家楼下那个装信件的箱子。曾几何时，信件是人际沟通的工具之一。邮递员只需要把信件投入每家每户专有的信箱里，我们就能很方便地接收、拆阅、处理来信。如果有一天把这个信箱锁起来，在没有外力破坏的情况下，30、50年后，这些来信还会好好地躺在信箱里，不会丢失。

正是因为信箱有这种便于收取和长期保存资料的特性，进行记忆训练的时候，把记忆完成的资料与我们按照一定顺序设立好的信箱进行联结，这些资料就牢牢存储在信箱里了。需要运用的时候，直接按需从信箱中取出以前记忆的内容就可以了。这就是我们常说的给记忆资料添加一个“保险箱”，如果能熟练运用这个“保险箱”，大脑的记忆容量和记忆的持久度就会大大增加。

通过前面的学习与运用，我们运用一系列的转换，把要记忆的信息资料进行了有意义的深度加工，激活神经元中专门处理记忆的一片区域，使之与加工后的资料信号“关联”，并得到强化。经常使用这些“关联”，我们对资料的记忆能力就会越来越强，如果你长期弃置不用，大脑记忆资料的能力自然而然就会减弱，“刀不磨要生锈，人不学要落后”的古话其实讲的就是这个道理。

在长期的教学中，我发现一个很普遍的现象，很多人一下子记住了大量的学习资料后，在复习的时候非常吃力，甚至有非常严重的遗忘情况出现。原因就在于处理记忆大量的资料时，没有把经过记忆处理后的材料放进大脑里的一个特殊的箱子里，从而导致信息杂乱无章。为了避免这种情况出现，运用的时候能迅速找到记忆资料存放的位置，运用信箱记忆法是非常关键的一步。

在运用信箱记忆法的时候，我们不能像邮递员投递信件一样直接将记忆放进大脑里就好，而要按照一定的模式，并要熟练掌握以下三个关键要点：

Point 1　在运用信箱记忆法的时候，设立的信箱一定要是实际的物品及地点等

我们必须选择一些比较熟悉的物品、地点、身体部位等作为设立的信箱。只有熟悉的，大脑才能快速呈现出信箱的形象、大小等，如果所设立的信箱是自己见都没有见过的物品，那你是没有办法让大脑呈现出它本来的形象及大小的，这样的信箱就容易让大脑有选择性地忽略掉，对记忆学习资料提供不了任何帮助。在设立信箱的时候一定要根据记忆材料的数量设立相应的信箱，例如，有20项资料，就设立20个信箱；有50项资料，就设立50个信箱。明白这些后，可选择做信箱的材料就广泛了，如果你能把眼前呈现的一草一木按照顺序设立为记忆的信箱，哪怕是让你记忆一整本《道德经》之类的书籍，也可以在很短的时间里轻松完成。

Point 2　设立的信箱要按照一定的顺序

在采用信箱记忆法的时候，顺序是保证我们能高效记忆和快速回忆复习的关键。如果没有顺序，虽然也能把资料全部完成记忆，但复习的时候就会非常凌乱，而且运用的时候常常会出现找不到信箱的情况，提取资料非常不方便。

通常设立信箱的时候，很多人都会选择比较熟悉的地方，比如自己的家、学校、公园、办公室，用这些地方摆设的物品来设立信箱，但这些物品的摆放都比较散乱，甚至还会有重复出现的可能，所以信箱按照一定的顺序来设立就显得非常重要了。以我本人的经验来看，一般情况下按照两种顺序设立：一种是从左到右或者是从右到左，一种是从上到下或者是从下到上。

按照其中任意一种顺序设立信箱的时候，中间有重复出现的物品的话，只需把第一个出现的设立为信箱就好，其他的都忽略掉，否则在记忆材料的时候会因为有相同的信箱，而很容易发生记忆混淆的现象。如果你是以身体部位来设立信箱，那就可以选择从头到脚，也可以选择从脚到头的顺序设立。如果是从头开始设立10个身体部位信箱的话，你就可以把“头发”设为第1个信箱、“脖子”设立为第2个信箱、“肩膀”设立为第3个信箱、“手掌”设立为第4个信箱、“前胸”设立为第5个信箱、“后背”设立为第6个信箱、“屁股”设立为第7个信箱、“大腿”设立为第8个信箱、“小腿”设立为第9个信箱、“脚掌”设立为第10个信箱。从上到下地设立，可以让你轻松记住每一个信箱的顺序。

Point 3 采用信箱记忆法的时候，信箱一定采用链式记忆锁链或者串联在记忆资料的前面，这样的好处就是能快速找出信箱里“装载”的资料

只要想到第几个信箱，这个信箱里“装载”的资料也就轻松提取了。如果把信箱锁链或者串联在记忆资料的中间，就会很容易出现找不到信箱，无法提取出记忆的资料。

比如我们用第二个关键要点当中所设立的第一个身体信箱“头发”来记忆“去学校图书馆借书”这项资料，采用链式记忆把信箱串联在记忆场景前面：我把自己的头发全部剪掉后，拿着这把黑色的头发去学校的图书馆里借书，管理员不同意，我就把剪下来的头发撒在图书馆各处。另一种是把信箱串联在记忆场景的中间：去图书馆借书管理员不同意，最后我就把头发剪下来，拿在手里苦苦哀求管理员借书给我。现在请你闭上眼睛想象这两种场景，哪一种让你在想到信箱的时候更容易提取出要记忆的“去学校图书馆借书”这项资料？

学习并理解了信箱记忆法的三个关键要点后，就可以开始学着设立信箱对学习资料进行记忆了。如果你是为了长期记忆或者是要在短时期内记住大量的学习资料，你所要设立的信箱种类应该是多种多样的，一般单一地设立几十个同类的信箱无法记忆海量的资料。为了设立更多种信箱来协助自己记忆大量的资料，方便而又常用的方法就是采取位置信箱、身体信箱、生肖信箱、人物信箱等。

画重点

⊕在运用信箱记忆法的时候，设立的信箱一定要是实际的物品及地点等，如果设立的信箱是自己见都没有见过的物品，就容易让大脑有选择性地忽略掉。

⊕设立信箱时遇到重复出现的物品，只需把第一个出现的设立为信箱就好，其他的都忽略掉，否则很容易发生记忆混淆。

⊕方便而又常用的信箱有位置信箱、身体信箱、生肖信箱和人物信箱。

专栏十　位置信箱运用

位置信箱又可以称为记忆宫殿法，在香港电视连续剧《读心神探》中，演员们记忆资料时就是运用的这种方法。这种方法是伟人的希腊诗人西摩尼得斯创造的，有很大的偶然性。

一次，西摩尼得斯去参加一个宴会，不幸的是大厅坍塌了，所有的宾客都被埋葬在废墟当中。由于当时发生了一件事情，西摩尼得斯临时离开了一会儿，因为这个巧合，他成了这次坍塌事件的唯一幸存者。为了协助参加救援的人们分辨死者的尸体，西摩尼得斯根据大厅里的不同位置联想之前在这一位置上的人物，凭借惊人的记忆力，他轻松地回忆出了每个位置上的死者，并由此得到启发，创立了位置信箱记忆法。西摩尼得斯把这种记忆方法公开发布后，迅速在古罗马流行起来，很多人在使用中不断改进这种方法，将很多的法典及著作整本整本地背诵下来，从而在各种演说和辩论中大展风采。演说家西塞罗就是其中的代表人物，他利用城市中的不同区域来安排自己演说的不同部分，演说进行时，根据事先的安排，从左到右开始注视不同的区域，整个演讲在没有任何演讲提纲的提示下顺利完成并大获成功。

这就是位置信箱或者记忆宫殿法的来历，只要你能熟练地掌握此方法，在记忆的时候就会如鱼得水，但前提是你一定找到最熟悉的路线或者地方。熟悉的路线最好选择你经常乘坐的公交车路线、地铁路线等，这些路线的顺序非常清楚，只需要记住站名就可以了。

如果你找的是自己最熟悉的地方，就一定要把这个地方上的物品按照顺序设立，还有可能需要遵循一定的逻辑。比如你选择家这个地方，那就从前门开始，一一按顺序开始设立，不能直接就从厨房开始，接着就到客厅，又到卫生间，再到阁楼，设立乱序的位置信箱会让自己的思维变得繁乱，增加复习的难度。

下面就以我创造的一条非常实用的奥运火炬虚拟传递路线为例，把虚拟的各个传递站点设立为位置信箱，以雅典神殿开始，路线如下：

1 神殿	2 天安门	3 长城	4 苹果园	5 清真寺	6 运河港	7 钟楼	8 埃菲尔塔
9 大桥	10 纪念碑	11 非洲部落	12 城堡	13 花园	14 陵墓	15 泰姬陵	16 公园

16个位置信箱已经设置好了，请你开始运用数字图码与每一个相对应的位置锁链，例如，1的图码是“木棒”，和它对应的“神殿”就可以这样锁链：很多的木棒插在神殿里面。以此类推，直到用16的图码“石榴”和“公园”完成锁链。完成后闭上眼睛，把这16个位置信箱存储在大脑里。现在我们就开始把位置信箱法学以致用吧。

请快速记忆老舍的下列主要作品：《骆驼祥子》《赵子曰》《老张的哲学》《四世同堂》《二马》《小坡的生日》《离婚》《猫城记》《正红旗下》《残雾》《方珍珠》《面子问题》《龙须沟》《春华秋实》《青年突击队》《戏剧集》。

上面一共是16项资料，我们用设立的16个位置信箱一一对应记忆：

1.神殿——《骆驼祥子》

参考记忆：雅典神殿里喂养着很多骆驼，这些骆驼的主人叫祥子。

2.天安门——《赵子曰》

参考记忆：天安门城楼是赵子曰带着自己的孩子们修建的。

3.长城——《老张的哲学》

参考记忆：万里长城上住着老张一个人，他经常对着烽火台上的士兵讲他的哲学理论。

4.苹果园——《四世同堂》

参考记忆：苹果园里面住着一家四代人。

5.清真寺——《二马》

参考记忆：一座古老的清真寺里喂养着两匹马。

6.运河港——《小坡的生日》

参考记忆：运河港上有很多人在给小坡过生日。

7.钟楼——《离婚》

参考记忆：只要钟楼的钟声响了，就有一对夫妻离婚了。

8.埃菲尔塔——《猫城记》

参考记忆：埃菲尔这个小伙子站在铁塔上，把一只猫丢在城市里去做了记者。

请根据上面的例子，独自完成剩下8项资料的记忆。

参考答案：

9.大桥——《正红旗下》：大桥正面竖着的红旗被风吹倒了。

10.纪念碑——《残雾》：一座雄伟的纪念碑上还残留着一层薄薄的雾气。

11.非洲部落——《方珍珠》：非洲部落的每个人都穿戴着方形的珍珠。

12.城堡——《面子问题》：城堡里的美女都爱面子，所以经常不问问题。

13.花园——《龙须沟》：花园里的工人用龙的胡须挖出了一条沟渠。

14.陵墓——《春华秋实》：陵墓里的植物春天开了许多花，秋天就会结很多果实。

15.泰姬陵——《青年突击队》：泰姬陵是很多青年突击队员建造的。

16.公园——《戏剧集》：公园里有很多人在演一个戏剧的续集。

在以上的位置信箱和资料结合进行记忆练习过程中，值得注意的是，我们必须牢记在前面讲过的一个关键要点，就是信箱和资料进行锁链或者串联的时候，一定要让这个场景或者影像在大脑里清晰呈现，越是夸张、越是反逻辑越好。很多初学者只是进行了文字的锁链或者串联，而不是图像转换的锁链或者串联，虽然能达到一定的短期记忆效果，但对于长期记忆而言是没有任何帮助的。

现在，请你合上书本，把用数字图码记忆的各个位置信箱，依次回忆一遍，然后再用位置信箱结合我们记忆的16项材料进行复习，看看是不是能完整复述。如果有复述不出的资料也不要紧，但一定要找出原因，以方便在后面的练习中不断改正。

画重点

⊕位置信箱又称为记忆宫殿法，是伟大的希腊诗人西摩尼得斯偶然间创造的。

⊕设立乱序的位置信箱会让自己的思维变得繁乱，增加复习的难度。

⊕信箱和资料进行锁链或者串联的时候，一定要让这个场景或者影像在大脑里清晰呈现。

专栏十一　身体信箱运用

身体是我们最熟悉、最不会忘记的，用最熟悉的身体部位作为信箱与要记忆的资料联结，在需要提取记忆资料时，只要照身体部位依次回忆就可以了。

我有一个学员，他是一家中医院的针灸医生，在一次考试中，他用了身体的14条经络排列的360多处穴位作为记忆资料的信箱，一共记忆了1000多项考试资料，平均每个穴位信箱里“装载”了3项资料。如果你对身体上的穴位一样熟悉，你也可以跟他一样设立穴位信箱来记忆。如果不熟悉，我们可以直接运用前面设立好的身体信箱。

前面设立的身体信箱是：

1	2	3	4	5	6	7	8	9	10
头发	脖子	肩膀	手掌	前胸	后背	屁股	大腿	小腿	脚掌

身体信箱的顺序非常容易记忆，你只需要从“头发”开始顺着身体部位往下

数就可以，同时还可以配合念出序号。例如，手指着头发就念出“1”；指着脖子就念“2”；指着肩膀就念“3”；依次把这10个部位记下来。

当牢牢记住了这些身体信箱及序号之后，就可以利用它们来记忆各种资料了。下面这些毫无规律的句子就是我们要记忆的材料，看看如何用身体信箱对它们进行记忆。

1. 妈妈急得发疯了；
2. 医院在什么地方；
3. 地主婆不让我吃饭；
4. 一会儿就回到家里；
5. 孩子们长大了；
6. 我心里非常愉快；
7. 它能产生极高的温度；
8. 姑姑给我当翻译；
9. 给老师打个电话；
10. 扫帚哪里去了。

现在将这些句子和我们设立的身体信箱一一对应锁链：

1. 头发——妈妈急得发疯了

参考记忆：想象一头乌黑亮丽的头发全部掉光了，妈妈看见这个样子急得像发疯了一样。

2. 脖子——医院在什么地方

参考记忆：想象在一个陌生的酒店睡觉时，脖子扭伤了，我们找不到医院，就去前台问服务员，附近的医院在什么地方。

3. 肩膀——地主婆不让我吃饭

参考记忆：想象自己在地主家干活，就因为肩膀上少扛了一袋粮食，地主婆就不让我上桌子吃饭。

4. 手掌——一会儿就回到家里

参考记忆：想象放学了，自己跟着同学拍着手掌玩耍嬉戏，不知不觉一会儿就回到了家里。

5. 前胸——孩子们长大了

参考记忆：想象自己前胸上抱着一群孩子，孩子们渐渐地长大了。

6. 后背——我心里非常愉快

参考记忆：想象自己后背上背着一件刚从市场上用低价买来的价值上千万的古董，我心里非常愉快，这次捡了个大便宜。

7. 屁股——它能产生极高的温度

参考记忆：想象自己的屁股只要一坐下，它就能产生极高的温度。

8. 大腿——姑姑给我当翻译

参考记忆：我到姑姑家去玩，听不懂其他人说的语言，就只好坐在姑姑的大腿上，让她给我当翻译。

9. 小腿——给老师打个电话

参考记忆：想象自己的小腿扭伤了，上不了学，就给老师打个电话请假。

10. 脚掌——扫帚哪里去了

参考记忆：想象你一脚掌把扫帚给踢飞了，妈妈找不到扫帚，就问你：扫帚哪里去了？

用链式记忆完成了10个身体信箱及所有的资料锁链后，请你从头发开始一直到脚掌，把这些信箱上锁链的资料复习一遍吧。当你复习完成后，合上书，用手指着头发，看看是不是很轻松地就提取出了“妈妈急得发疯了”这项资料；指着屁股，是不是也能很轻松提取出“它能产生极高的温度”这项资料。更厉害的是，你指着这10个信箱中的任意一个，都能轻松提取出所应对的资料。

专栏十二　生肖信箱运用

如果你能熟练地运用位置信箱和身体信箱，就已经掌握了信箱记忆法的核心技巧，现在你可以尝试增加信箱的数量来扩大记忆的容量了。增加信箱很简单，只要留意自己身边的一草一木，就可以迅速增加出上千个信箱来，尤其是我们灿烂的中华文明中，可以用来设立记忆信箱的媒介更是数不胜数。

现在就把很多人都熟悉的十二生肖设立为记忆信箱，在课堂上，同学们称之为生肖信箱。十二生肖的排列依次是：鼠、牛、虎、兔、龙、蛇、马、羊、猴、鸡、狗、猪。

现在，就运用它们来帮助我们提升记忆的速度和效率吧。假如下面这些资料是你要参加的考试的答案，一共12个要点：

1. 从开户银行提取现金支付；

2. 少数民族自治地区同时使用汉语和本民族语言文字；

3. 相同的对象承担着同样的职责；

4. 甲方案风险大于乙方案风险；

5. 不受原有项目的制约；

6. 没有固定的利息支出；

7. 存放受托加工企业的加工物资；

8. 融资租赁方式租入的设备；

9. 未成年人也享有民事权利能力；

10. 公司超越经营范围对外订立的合同无效；

11. 股权转让只能在公司股东之间进行；

12. 企业计提的各种准备金不得在税前扣除。

阅读完上面的记忆材料，我们要做的就是将这些知识要点一一与设定的生肖信箱锁链或者串联，就像在家里收拾整理物品，把不同的东西放入印有不同标签的收纳箱里。当需要某种物品的时候，只要根据箱子上的标签就可以很轻松地找出来。需要注意的是，在运用位置信箱和身体信箱的时候，我们记忆的几乎都是可以直接创造出完整形象的词和句子，而在运用生肖信箱的时候，难度增加了，这些资料几乎都是抽象的，这就需要运用前面学习的抽象能力转化法则，对这些资料进行转换后，才可以有效地和生肖信箱锁链或者串联。现在，请看看例子吧。

1. 鼠——从开户银行提取现金支付

参考记忆：一群穿着艳丽服装的米老鼠从迪士尼乐园的开户银行里提取出了大量的现金，支付给在迪士尼乐园里面游玩的客人。

2. 牛——少数民族自治地区同时使用汉语和本民族语言文字

参考记忆：成群结队的老黄牛拿着高音喇叭在我们国家的少数民族居住地区大力宣传，只要是少数民族自治的地区都可以同时使用汉语和本民族自己传承下来的语言文字。

3. 虎——相同的对象承担着同样的职责

参考记忆：原始森林里的老虎都聚集在一起开会，规定以后捕捉相同的一对大象时，大家必须承担相同的职责，否则偷懒的老虎没有食物吃。

4. 兔——甲方案风险大于乙方案风险

参考记忆：饲养兔子的养殖场要扩大经营，找了甲乙两个投资者各设计了一个投资方案，最后大家讨论时，觉得甲方案风险大于乙方案风险，所以否定了甲方案，采纳了乙方案。

5. 龙——不受原有项目的制约

参考记忆：东海里的龙王想要自己成立一家公司做项目，玉皇大帝不但不同意，还开出了很多制约条款，龙王大怒，指着玉皇大帝的鼻子说：“我不接受你用原有项目的制度来约束我。”

6. 蛇——没有固定的利息支出

参考记忆：一条戴着眼镜的蛇开了一家银行，很多人都不到它这个银行来存钱，原因是这里没有固定的利息支付给存款人。

7. 马——存放受托加工企业的加工物资

参考记忆：成千上万的马匹存放在接受委托加工的企业，最后全被屠杀了，经过加工后做成了生活物资用品。

8. 羊——融资租赁方式租入的设备

参考记忆：做羊肉罐头的时候设备全部出现问题，就只好去金融机构借了一些钱，以租赁的方式去其他企业租来了一些生产设备。

9. 猴——未成年人也享有民事权利能力

参考记忆：孙悟空（猴子）在花果山打伤了一群小学生（未成年人），最后法院判决花果山景区的经营者赔偿这些学生的医药费，法院判决的理由是未成年人也享有民事权利能力。

10. 鸡——公司超越经营范围对外订立的合同无效

参考记忆：大公鸡开设了一家公司，经常跟其他公司签订一些超越公司经营范围的合同，由于经营不善，倒闭了，大公鸡要无赖不赔钱，这些公司就跟它打官司，最后发现签订的合同全部是无效的。

11. 狗——股权转让只能在公司股东之间进行

参考记忆：一只狗想把自己在证券交易所的全部股权转让出去，交易所不同意，最后经过律师的协调，交易所同意交易但条件非常苛刻，其中一条就是：股权转让只能在公司股东之间进行，不能转让给公司以外的其他股东。

12. 猪——企业计提的各种准备金不得在税前扣除

参考记忆：一头胖乎乎的小猪到企业去做了一个计划，然后去银行提取各种准备金，但银行看了这个计划后，拒绝把准备金给它，小猪很生气，对着银行工作人员大声吵闹："不得在税前扣除我的准备金。"

12项资料记忆完成了，现在请你仔细地从第一个生肖信箱开始复习，直到12项全部复习完成，然后合上书，在大脑里从头到尾回忆并还原一遍，按照顺序把这12项资料写下来。

专栏十三　人物信箱运用

在扩展信箱数量的时候，千万不要忘记我们身边那些熟悉的人物，因为这些人物跟我们的身体一样，自己也非常熟悉，如果把这些人物也能扩展成记忆信箱，再和需要记忆的资料联结，需要提取资料的时候只要一想到这些人物，这些资料瞬间就会在大脑里呈现。

运用人物信箱最大的优势是不需要去记住顺序，只需要在设立人物信箱的时候按照最大年龄的长辈一直写到你的小辈，或者从你认识的最小辈份的人物一直写到年龄最大的长辈即可。如果你用历史人物来设立信箱的话，只需要按照历史时间的先后顺序写下来就好了，非常方便。

在这里，我们来设立一系列的人物信箱：孙悟空、唐僧、猪八戒、沙和尚、观音菩萨、如来佛、爷爷、奶奶、爸爸、妈妈、哥哥、姐姐。这12个人物，我们的印象非常深刻，想忘记都很难，因为这些人物的形象是我们成长中重要的部分。例如，想到《西游记》这部小说，孙悟空、唐僧、猪八戒、沙和尚、观音菩萨、如来佛这6个人物的形象就会活灵活现地出现在脑海里；想到爷爷，就一定想到奶奶、爸爸、妈妈、哥哥、姐姐。人物与人物之间总有一个纽带相互联系着，而这正是人物信箱的特别之处。下面我们就可以用这12个人物信箱来记忆古诗词《长恨歌》的节选部分。

1. 汉皇重色思倾国
2. 御宇多年求不得
3. 杨家有女初长成
4. 养在深闺人未识
5. 天生丽质难自弃
6. 一朝选在君王侧
7. 回眸一笑百媚生

8. 六宫粉黛无颜色

9. 春寒赐浴华清池

10. 温泉水滑洗凝脂

11. 侍儿扶起娇无力

12. 始是新承恩泽时

现在，请看一下参考记忆：

1. 孙悟空——汉皇重色思倾国

参考记忆：孙悟空拿着金箍棒打妖怪的时候遇到一个汉朝的皇帝，他抓着一条很重的蛇（色）思念一个叫倾国的人。

2.唐僧——御宇多年求不得

参考记忆：唐僧骑着白龙马遇（御）到一个女（宇）孩子，这个女孩子追求唐僧很多年，唐僧也不答应，追求最后不得不以失败告终。

3. 猪八戒——杨家有女初长成

参考记忆：猪八戒看见一户姓杨的人家有个女儿刚刚（初）长大成人，就想娶她为妻。

4. 沙和尚——养在深闺人未识

参考记忆：沙和尚给养在流沙河里的一只深色乌龟（闺）专门请了一个人给它喂食（未识）物。

5. 观音菩萨——天生丽质难自弃

参考记忆：观音菩萨非常漂亮，天生丽质，自己都很难把自己抛弃。

6. 如来佛——一朝选在君王侧

参考记忆：如来佛一天早（朝）上就把自己的座位选在靠君王侧边的位置。

7. 爷爷——回眸一笑百媚生

参考记忆：爷爷走在人来人往的广场上，对着很多美女施展法术，美女们纷纷回眸一笑，广场上一百个妹妹（媚）就出生了。

8. 奶奶——六宫粉黛无颜色

参考记忆：奶奶花了很多精力修建了六个宫殿，还挂上了很多粉色的袋（黛）子，但远远望去好像没有颜色（无颜色）。

9. 爸爸——春寒赐浴华清池

参考记忆：爸爸知道春天很寒冷，就把一些瓷（刺）器丢在浴室里，这个浴室叫华清池。

10. 妈妈——温泉水滑洗凝脂

参考记忆：妈妈在泡温泉，温泉的水很柔滑，还可以洗灵芝（凝脂）。

11. 哥哥——侍儿扶起娇无力

参考记忆：哥哥养了四（侍）个儿子，累得连扶起轿（娇）子都没有（无）力气了。

12. 姐姐——始是新承恩泽时

参考记忆：姐姐发现一具死尸（始是）在新造的城（承）市里，这具死尸是被人摁着（恩泽）的时候死去的。

很多人在运用信箱法记忆古诗词的时候对诗词的转换缺乏信心，认为自己无法进行足够的转化把古诗词形象化。其实通过前面章节对思维能力和链式记忆的训练，每个人的联想能力都可以被激发，关键在于你敢不敢开启天马行空的联想能力。

经过我们的幻化，这12句古诗词的每一句都幻化成了一幅生动的图片。用我们熟悉的人物信箱和这些图片锁链或串联，就大大提升记忆的速度了。

现在，请你合上书本，把记忆的内容仔细地从头到尾复习一遍，然后把这12句古诗词写在下面的横线上，看看你的记忆效果吧。

1. 孙悟空：______________________________

2. 唐僧：______________________________

3. 猪八戒：______________________________

4. 沙和尚：______________________________

5. 观音菩萨：______________________________

6. 如来佛：______________________________

7. 爷爷：______________________________

8. 奶奶：______________________________

9. 爸爸：______________________________

10. 妈妈：______________________________

11. 哥哥：______________________________

12. 姐姐：______________________________

专栏十四　信箱扩展运用

在前面四种记忆信箱的练习中，我们设立了50个信箱，记忆了50项不同类型的资料。但如果遇到大量资料需要记忆的时候，这50个信箱就远远不能满足需求，这就需要我们对现有信箱的数量进行扩展，根据资料的多少，扩展出相对应的信箱。

扩展信箱非常简单，身边熟悉的事物或者旅游过的景点都可以，甚至你还可以在网上找出每个城市的地铁站点分布图，把上面的每一个站点都作为扩展出的信箱。如果只需要100多个信箱就足够满足你学习和生活方面的需求，还有一个更简单的方法，就是把我们在第五章里转化的数字图码用来扩展成信箱，经过这么多年的实践证明，效果也非常不错。

现在我们就来随机扩展出10个信箱，这些信箱有可能是地点，也有可能是曾经见过的动物，这些都不重要，重要的是，你看到这些扩展出的信箱就能很轻松地想象出它们的形象，还能轻松地记下它们的先后顺序。这10个信箱依次是：沙滩 → 海鸥 → 灯塔 → 排球 → 摩托艇 → 螃蟹 → 渔网 → 海豚 → 椰子 → 喷泉。

由于这10个信箱是临时扩展的，因此需要你花上几分钟先把它们熟悉一下。你可以运用链式串联记忆法把这些地点组成一个生动形象的故事，轻松完成对它们的记忆。现在请你想象：自己正坐在金黄色的沙滩上，望着天空飞过来一群黑压压的海鸥，它们不住地用头去碰撞海岸边的灯塔，一群刚刚打完沙滩排球的美女骑着摩托艇到海里抓了很多螃蟹，还用渔网网住了一只肥大的海豚，一群可爱的小朋友爬到椰树上摘下了很多椰子，却不小心都掉到喷泉里了。

想象完成后，再复习一下，直到感觉这些情景好像真的发生在你身边一样。如果在以后的运用中，是根据你自己的亲身经历扩展出的信箱，那对你来说就更加容易了，因为这些信箱已经牢牢地存在于你的大脑里，只是再一次从记忆中提取而已。

下面让我们来看看一些需要记忆的材料，如下：

1. 项目目标的动态控制

2. 设计前的准备阶段至保修期

3. 责令施工企业立即整改

4. 组织的经营方针和目标

5. 各组成部门之间的指令关系

6. 李时珍编著《本草纲目》

7. 企业拥有经营自主权

8. 实行依法治国的基本方略

9. 坚持以经济建设为中心

10. 接受国际市场的竞争压力和挑战

现在，利用刚才扩展的10个信箱把以上的资料锁链或者串联，以便快速准确地记下这10项资料。

1. 沙滩——项目目标的动态控制

参考记忆：海边的沙滩上有一个橡木（项目）桶在移动，大家把它当成危险产品（目标），所以要对它的移动状态进行控制。

2. 海鸥——设计前的准备阶段至保修期

参考记忆：很多人在修建一个巨型海鸥的雕像，在设计前期准备了很长的阶段，甚至都考虑到了在保修期内怎么维护它。

3. 灯塔——责令施工企业立即整改

参考记忆：灯塔修了没几天就快倒塌了，安监部门发出整改通知书，责令施工企业立即整改。

4. 排球——组织的经营方针和目标

参考记忆：打排球的所有球员都来自同一个组织，这样才好制订经营方针和目标。

5. 摩托艇——各组成部门之间的指令关系

参考记忆：摩托艇由很多零件组成的，所以必须要求各组成部门之间的指令关系准确无误。

6. 螃蟹——李时珍编著《本草纲目》

参考记忆：一群螃蟹用大钳子夹住李时珍，要挟他编著《本草纲目》这本书。

7. 渔网——企业拥有经营自主权

参考记忆：生产渔网的这家企业拥有经营自主权，想卖给谁可以自己做主。

8. 海豚——实行依法治国的基本方略

参考记忆：大海里要保持生态平衡，海豚不能随便捕获，否则重罚，这是实行依法治国的基本方略规定的。

9. 椰子——坚持以经济建设为中心

参考记忆：海南岛栽种了大量的椰子，创了很多外汇，坚持以经济建设为中心让海南省得到了巨大的发展，让人民过上了好日子。

10.喷泉——接受国际市场的竞争压力和挑战

参考记忆：联合国大门口的那个喷泉是我们中国人为了接受国际市场的竞争压力和挑战而修建的。

怎么样？复习一遍上面记忆的内容吧，看看你是不是已经记牢了它们，如果可以的话，写在下面的横线上：

1. 沙滩：________________________________

2. 海鸥：________________________________

3. 灯塔：________________________________

4. 排球：________________

5. 摩托艇：________________

6. 螃蟹：________________

7. 渔网：________________

8. 海豚：________________

9. 椰子：________________

10. 喷泉：________________

好了，相信你通过这么多的练习后，信箱法的运用一点儿问题也没有了，现在请你将1~20这20个数字图码扩展成信箱，来独立完成下面这20项资料的记忆吧。

1. 盈虚者如彼
2. 而卒莫消长也
3. 盖将自其变者而观之
4. 比较和选择方案
5. 总统制共和制的典型国家
6. 最高权威性
7. 南备赞濑户大桥
8. 千古风流人物
9. 渴望精神解放的思想
10. 外国资本主义和中华民族的矛盾
11. 封建主义和人民大众的矛盾
12. 合理利用资源
13. 提高人口质量
14. 阿拉伯联合酋长国
15. 辛亥革命运动
16. 法国爆发资产阶级革命
17. 张爱玲是上海著名女作家

18. 企业是纳税单位

19. 合营企业发生严重亏损

20. 贡献自己的力量

第七章

缩编记忆法

第一节 缩编记忆法的要点

我相信很多人在记忆学习资料的时候常常会有这样的体会：一次连续记忆了大量的知识要点后，导致在复习的时候各个知识点相互“打架”，答题的时候张冠李戴。

还有一种情况就是，记忆了大量的资料过后，最开始和最后面的部分通常都能很轻松地回忆，而中间部分几乎已经遗忘得一干二净。这是因为，运用逻辑理解式记忆的左脑在面对大量需要记忆的资料时，先记住的资料会对后记住的资料有抑制，同样，后记住的资料也会对前面记住的资料有反抑制。

美国心理学家和普兰德博士曾经做过这样一个实验，他把12个单词排成一排，让别人来记忆。最后实验结果发现，几乎没有人会记错第一个和第二个词，但从第三个词开始，错误就逐渐增多了，第七、第八个词错误率最高，往后又逐渐减少，而最后一个词和第一个词的正确率最高。因此，心理学家把在记忆的时候出现的这种现象叫作首因效应和近因效应。

那如何才能解决这个问题呢？答案很简单，在记忆大量资料的时候，采取缩编记忆法就可以了。所谓的缩编记忆法就是我们把需要记忆的大量长段资料进行通读过后，进行分析、整理出资料的基本要素以及本质，然后排列组合成简单、短小、精炼、便于记忆的熟悉句子。当要提取出记忆的材料时，只需要把组合成的句子还原回去就可以了。

很多人把缩编记忆法也叫作化繁为简记忆法，运用范围非常广泛，尤其适用于要记忆较多资料的科目，如政治、历史、生物以及会计师考试资料、建造师考试资料、法律条文等，可以大大减轻大脑的记忆负担，迅速达到事半功倍的效果。运用缩编记忆法并不难，只需要掌握以下几个关键要点：

Point 1　通读资料

在拿到要记忆的资料后，首先朗读或者默读一遍。我通常选择朗读，因为人在朗读的时候，注意力会相当集中，再加上声音对大脑的刺激，会让全身70%以上的神经细胞参与大脑活动，可以让大脑皮层的抑制和兴奋过程达到相对的平衡，增强学习的效果。

在缩编记忆法中，通读要记忆的资料，可以让我们准确地把握材料的内容，了解材料一些生字、生词、语句等的大概意思，让大脑思维产生丰富合理的想象，让材料的内容在心中、在眼前活起来。

Point 2　找出代表

知道了资料的大概意思，就需要抓住资料的个性及特征，找出能够代表其内容的一些关键的字、词。在找代表的时候，一定离不开观察、辨别和发掘这三个步骤。观察可以让我们从整体到局部都能找出代表这些资料的关键字和关键词。辨别可以让代表这些资料内容中极其相似和容易混淆的关键字和关键词一目了然。发掘针对的是那些不容易找出关键字和关键词的资料，必须要依靠人为地给予一些关键字或者关键词，以方便记忆。当然，每个人的思维不一样，找出的关键词或者关键字也会不一样，最主要的一点就是，找出的关键词或者关键字要易于组合。

Point 3　转化组合

找出代表后，我们一定要组合。组合的时候，一定要让这些关键词或者关键字产生联系，可以产生的联系有因果联系、顺序联系、先来后到的动态联系，也可以是由近及远的静态联系等。通过这些联系组合成我们熟悉的定理、法则、公式、人、事、地、物或者是短小、精炼、诙谐、幽默、夸张的笑话、句子、谚语等。为了方便记忆，你还可以把关键字或者关键词进行谐音转化。

Point 4　复习还原

当记忆了我们组合后的资料，在应用的时候一定要把它们还原成原来的资料。还原的时候，一定要注意资料的整体性和正确性，否则，效果就会大打折扣，导致在今后运用资料的时候，无法在大脑里再次呈现。为了保持记忆的持久性，我们必须进行有效的复习来达到巩固记忆的目的。复习的具体方法就参照前面章节中提到的“3-5-1-3-5-1六步复习法”就好了。

画重点

⊕缩编记忆法也叫作化繁为简记忆法，尤其适用于要记忆较多资料的科目。

⊕首因效应和近因效应影响人们的记忆效果。

⊕要抓住资料的个性及特征，就必须找出能够代表其内容的一些关键的字词，离不开观察、辨别和发掘这三个步骤。

专栏十五　缩编记忆法的一般应用

在学习的过程中，总有一种类型的材料，一眼看去好像都很熟悉甚至都还听说过，但要在短时间内采用机械式记忆把它们完整地记忆，不仅有相当大的难度，而且效率还很低下，更容易遗忘。要对这些资料轻松完成记忆，就可以采用缩编记忆法。当你熟练掌握了缩编记忆法的4个关键要点，并把它用到实际学习中，我们不仅记得快，而且还记得牢，甚至连资料的顺序也不会搞错。

举例：请在2分钟内记牢下面这三项资料。

1. 国民政府的迁移：广州、武汉、南京、重庆

2. 1940年德国占领国：丹麦、挪威、卢森堡、比利时、荷兰、法国

3. 影响气候的主要因素：洋流、地形、海陆分布、大气环流、纬度

现在我们就用缩编记忆法把这些资料全部记住。首先来看第1项资料。

Step 1　通读资料后，我们知道了大概意思就是国民政府搬家，一共搬了4个城市，先后顺序为：第一是广州，第二是武汉，第三是南京，第四是重庆。

Step 2　在这四个城市中分别找出一个关键字作为代表，广州我们选择“广”字，武汉选择“汉”字，南京选择“南”字，重庆选择“重”字。

Step 3　把选出的关键字进行组合，就成了“广汉南重”，由“广汉”我们可以想到一个熟悉的地点——四川的广汉市，“南重”我们就可以谐音成“懒虫”。那组合起来，我们就可以把“国民政府的迁移：广州、武汉、南京、重庆”这项资料记忆成“国民政府搬家找的工人是广汉那个地方的懒虫”。

Step 4　在运用的时候，把“广汉懒虫”依次还原成广州、武汉、南京、重庆这四个地点就可以了。

再看看第2项资料“1940年德国占领国：丹麦、挪威、卢森堡、比利时、荷兰、法国”该怎么记忆。

Step 1　通读资料了解到1940年的时候，德国占领了6个国家。这项资料可以分成两个部分来记忆，先看看“1940年德国占领国”这部分，用数字图码记忆成“药酒（19）被司令（40）喝了，司令借酒发疯，带领德国占领了许多国家”。

Step 2　这6个国家我们依次找出关键字。丹麦选择“丹”字，挪威选择“威”字，卢森堡选择“卢”字，比利时选择“比”字，荷兰选择“荷”字，法国选择“法”字。

Step 3　把这6个关键字组合成句子就是“丹威卢比荷法”，这样的组合有点拗口，所以我们就把“丹威”谐音转换成“单位”，“卢比”就直接想到印度、巴基斯坦、斯里兰卡、尼泊尔和毛里求斯使用的货币名称，再把“荷”谐音转换成“合”。转换后的文字串联组合就成了“单位里用卢比是合法的”。

Step 4　把前面的数字部分和后面的6个国家部分组合记忆成“药酒被司令喝了，借酒发疯大声地说，在单位里用卢比是合法的”。

最后，第3项资料“影响气候的主要因素：洋流、地形、海陆分布、大气环流、纬度”。

Step 1　通读一遍就知道影响气候一共有5个最主要的因素。

Step 2　从5个因素里各选择出一个关键字，洋流选择“洋”字，地形选择“地”

字，海陆分布选择“海”字，大气环流选择“大”字，纬度选择“纬”字。

Step 3 选出的5个关键字如果直接组合就是“洋地海大纬”。有没有更好的组合方式呢？当然有，只要对其中的“纬”字谐音转化后，重新排列一下这几个字的顺序就得到了一个非常棒的句子——伟（纬）大地海洋。

Step 4 影响气候的主要因素直接记忆一句话“伟大地海洋”就可以了。

通过上面的例子，我们运用缩编记忆法把记忆的内容简化了，让记忆变得简单轻松，提高了记忆的效率，同时在组合的时候充分调动我们右脑的记忆潜能，让组成的句子成为一个记忆的链条，应用的时候，只要把链条上的每个字还原成原来的资料就可以了。

现在你是不是有点按捺不住激动的心情，想让自己的智慧充分展现呢？那就开始发挥你的创造力，尝试一下吧。

练习1. 记忆我国的邻海国家：日本、菲律宾、马来西亚、文莱、印度尼西亚

你的记忆：____

____

练习2. 记忆人类的七大智力：语言、逻辑、音乐、视觉、体能、人际、认知

你的记忆：____

____

练习3.记忆唐宋八大家：韩愈、柳宗元、苏洵、苏轼、苏辙、王安石、曾巩、欧阳修

你的记忆：____

____

练习4. 记忆9种提高记忆力的食物：橘子、玉米、小米、菠萝、牛奶、花生、鸡蛋、味精、鱼类

你的记忆：____

____

练习5.记忆中国铁矿基地：鞍山、本溪、迁安、白云、攀枝花、大冶、马鞍

山、石碌

你的记忆：____

____

参考答案：

练习1.

找出关键字：日、菲、马、文、印

转化组合：日文印飞（菲）马

记忆：在我们临海的国家，看见日文印在飞在天空中的马身上。

练习2.

找出关键字：言、逻、乐、视、能、人、认

转化组合：言（阎）逻（罗）乐师（视）能认人

记忆：人类的七大智力是因为阎罗王是乐队的师傅，能认识很多人。

练习3.

找出关键字：韩、柳、三苏、王、巩、修

转化组合：韩柳三书（苏）修王宫（巩）

记忆：韩柳拿着三本书去修一座王宫。

练习4.

找出关键字：子、玉、米、菠、牛、生、蛋、味、鱼

转化组合：剥（菠）玉米子喂（味）鱼，牛生蛋

记忆：要找到9种提高记忆力的食物，只需要剥一些玉米子去喂鱼，等着牛生出一个蛋就可以了。

练习5.

找出关键字：山、本、迁、白、攀、大、马、石

转化组合：本山牵（迁）白马攀大石

记忆：本山大叔牵着一匹白色的马去攀登一块大石头。

第二节　缩编记忆法的进阶运用

在记忆材料的时候，有目的记忆的知识保持得质量越好，存储的时间越长，而无意识记忆保持的知识，无论怎样生动，怎样鲜明，记忆的持久度也不会太长，这点在记忆长段资料的时候表现得尤为明显。

长段资料记忆的最大难点就是我们总是在反复记忆和反复遗忘之间徘徊，尤其是那些包含了数据的记忆资料更是如此。面对烦琐复杂的材料，如果能用一种更加简洁的记忆方法的话，非缩编记忆法的进阶运用莫属，直接从资料里面找出一些关键字或者关键词为线索，把要记忆的资料一一结合，当我们要提取出完整资料的时候，只要结合资料中的关键字或者关键词一一回忆就好了。现在我们来看一些例子。

《南京条约》的主要内容：

1. 中国割让香港岛；

2. 赔偿2100万银元；

3. 开放通商口岸；

4. 协商英商的进出口关税。

现在就从题目"《南京条约》的主要内容"中找出关键字或者关键词来协助记忆。就这类型的考试题目来说，一般情况就是把最容易出现的几个字作为关键字或者关键词，这几个字通常是这类型题目最核心的字眼。因为不管这类题型怎么改变答题的方式，这几个关键字或者关键词一定会出现在题目中。

就上题来说，"南京条约"这四个字就是最核心的字眼，考试的时候100%肯定会在考题中出现，只要把这4条主要的内容一一对应锁链或者串联到"南京条约"这四个字上，记忆就完成了。在锁链或者串联的过程中，为了达到更好的效果，使记忆更加生动形象，也可以对提取出的关键字进行谐音转化。

"南"对应"中国割让香港岛"。在这里，我们把"南"字谐音成困难的"难"字。想象：中国要把香港岛割让给别的国家，这样做让清政府左右为难。甚至你可以想到，侵略者给大清朝的皇帝讲出“中国割让香港岛”这句话后，大清朝的皇帝愁眉苦脸的样子，就好比要从自己身上割一块肉去给别人，是不是很困难的事情?

“京”对应“赔偿2100万两银元”。同样，我们把“京”谐音成金子的“金”，这样更方便记忆。想象：一大堆黄灿灿的金子做成了2100万两银元，全部赔偿给了侵略者。

“条”对应“开放通商口岸”。想象穷凶极恶的侵略者占领了香港岛并拿到了银元之后，还不满足，又跟清政府提出了“开放通商口岸”的条件，否则继续派兵打仗。

“约”对应“协商英商的进出口关税”。想象前面三条清政府迫于压力全部答应了，而侵略者还让清政府签订一个契约，契约上明确规定英商的进出口关税一定要双方协商，清政府不得独自制订。

通过上面的缩编联结，“南京条约”就记忆成“难金条约”这四个字。在回忆的时候，只需要我们对应“难”“金”“条”“约”这四个关键字联想，答案自然而然就从大脑中流淌出。复习一下上面的记忆内容，找个人帮你念一下下面的问题，你来回答吧。

“南”字谐音成什么了？为什么清政府会左右为难?

“京”字谐音成什么了？一大堆的金子做了多少银元赔偿给别人了?

“条”指的是条件，侵略者开出了什么做生意的条件?

“约”指的是契约，清政府为什么要和侵略者签订这个契约?

以上问题如果你都能全部正确回答，那你真的非常棒了。请拿起手中的笔，把《南京条约》的主要内容写在下面的横线上。

1. 南：____________________

2. 京：____________________

3. 条：____________________

4. 约：____________________

现在，请你根据上面使用的缩编记忆法进阶运用，独自完成下面这项资料的记忆。

记忆会计科目的四个作用：

1. 会计科目是反映资金运动的方法。

2. 会计科目是组织会计核算的依据。

3. 会计科目是进行会计管理的手段。

4. 会计科目是加强国民经济核算的工具。

你的记忆：

第一个作用：________________ 对应________________

你的记忆：____

____

第二个作用：________________ 对应________________

你的记忆：____

____

第三个作用：________________ 对应________________

你的记忆：____

____

第四个作用：________________ 对应________________

你的记忆：____

____

参考答案：

在这个题目中，我们选择出“会计科目”这四个字作为核心关键字，一个关键字对应一个作用。

第一个作用：“会”谐音成“快”，对应“反映资金运动的方法”。

记忆：一群会计师在做账目的时候，快速地找到了一些方法，跟老板反映公司的资金在快速地运动。

第二个作用："计"对应"组织会计核算的依据"。

记忆：想象一群有心机的人到一家公司里，组织了一些会计师把公司里的成本核算了一遍，找到了公司盈利的依据。

第三个作用："科"对应"进行会计管理的手段"。

记忆：想象一个科学家经过大量的研究和实验，终于找出了一套能够对自己聘请的会计进行全面管理的手段。

第四个作用："目"对应"加强国民经济核算的工具"。

记忆：想象一个国家修建了很多教室，培养出大量会计师的目的就是加强对国民经济的核算，会计师就成为被这个国家利用的工具。

画重点

⊕在记忆材料的时候，有目的记忆的知识保持得质量越好，存储的时间越长。

⊕在锁链或者串联的过程中，为了达到更好的效果，使记忆更加生动形象，也可以对提取出来的关键字进行谐音转化。

⊕关键字或者关键词就是无论怎么改提问的方式一定会出现在题目中的核心字眼。

第三节　缩编法创意歌诀的运用

心理学家研究表明，人的记忆以"组块"为单位，每一个组块内的信息量是相对的。一个词组可以看成一个组块，一个句子也可以看成一个组块，但组块与组块之间不是孤立的，而是可以相互联结，这点尤其在进行快速阅读训练的时候表现得非常明显。

如果在记忆的时候能够把所有单一块状资料相互联结，记忆的效果就会大大地提高，而利用缩编记忆法中的创意歌诀就能把所有单一的块状记忆资料相互联结。

正在上学的朋友们都应该知道，各科目需要记忆的要点实在是太多了，尤其是文科中的历史、政治等科目，内容涉及范围广，如果在学习中运用缩编法记忆法缩小记忆材料的绝对数量，再把这些缩小的资料编成歌诀来记忆，不但可以减轻大脑记忆的负担，避免遗漏，还可以通过各种编串组合，增强记忆的趣味性。

这种方法由来已久，据说周恩来总理曾把中国三十多个省、自治区、直辖市的名称编成一首七言歌诀，以便记忆：

两湖两广两河山（湖南、湖北，广东、广西，河南、河北，山东、山西）

五江云贵福吉安（江苏、浙江、江西、黑龙江、新疆，云南，贵州，福建，吉林，安徽）

西四二宁青甘陕（西藏，四川，宁夏、辽宁，青海，甘肃，陕西）

海南内台北上天（海南岛，内蒙古，台湾，北京，上海，天津）

还有我们非常熟悉的《节气歌》也是以歌诀的形式将二十四节气串联，读起来既押韵又朗朗上口，记起来既轻松又简单。二十四节气歌如下：

春雨惊春清谷天，夏满芒夏暑相连；

秋处露秋寒霜降，冬雪雪冬大小寒。

每月两节日期定，最多相差一两天，

上半年来六廿一，下半年是八廿三。

那如何才能创作出简单易懂、效果显著、生动形象又不容易忘记的歌诀呢？我们必须注意以下两点：

1.发掘特征。在创作歌诀的时候，一定要抓住记忆材料本身的特征，反映出材料本身的基本内容。例如，在地理知识中要记忆地球的特点，根据地球的特点编写的歌诀为：“赤道略略鼓，两极稍稍扁。自西向东转，时间始变迁。南北为经线，相对成等圈。东西为纬线，独成平行圈。赤道为最长， 两极为点。”

2.创作的歌诀要准确自然、简洁、有节奏感、容易上口。如果在创作歌诀的时候编得不准确、不简洁，生搬硬套，不但失去了本来的意思，而且还会加重记忆的负担，耗费不必要的精力。比如我曾经看见有人把金庸先生写的《飞狐外传》《雪山飞狐》《连城诀》《天龙八部》《射雕英雄传》《白马啸西风》《鹿鼎记》《笑傲江湖》《书剑恩仇录》《神雕侠侣》《侠客行》《倚天屠龙记》《碧血剑》《鸳鸯刀》共14部小说创作出一首简洁好记的歌诀：“飞雪连天射白鹿，笑书神侠倚碧鸳”。

创意歌诀在文科和理科学习中都能用到，各科的学习要点用歌诀记忆，这种形式有趣又好玩，在愉快的氛围中，我们不知不觉地记住了知识，掌握了学习方法，还开拓了思维。

历史知识要点记忆

“两次鸦片战争：1840鸦片战，隔年8月英军舰，《南京条约》马上签，香港岛屿被英占，1856二鸦片，英法两国请清玩，1860十七天，烈火烧掉圆明园，慈禧太后忙逃难，大清王朝快玩儿完。”通过这首歌谣，我们就可以完整地把两次鸦片战争发生的先后顺序及事件发生的时间记下来了。

同样，如果要熟记春秋五霸先后顺序，就可以用这首歌诀：“齐宋晋秦楚，桓襄文穆庄，四霸只为公，唯独楚称王。”

记忆元谋人的歌诀：“一百七十万年前，云南元谋人出现，会造工具能用火，因此称为类人猿。”

抗美援朝战争就可以这样记忆：“1950年6月间， 美军悍然侵朝鲜，打到中国边境线， 严重威胁我安全。五战五捷定大局， 美军被赶回三八线，1953年7月签协定，英雄军队才凯旋。”

地理知识要点记忆

气温分布规律我们可以这样记忆：“气温分布有差异，低纬高来高纬低；陆地海洋不一样，夏陆温高海温低，地势高低也影响，每千米相差6摄氏度。”

记忆世界上人口超亿国家名称的歌诀为：“南极大洋均无他，人口超亿十国家。中美两印俄两巴，日尼外加孟加拉。”

记忆世界上小麦分布地区的歌诀：“小麦分布各大洲，耐寒耐旱耐盐碱。我国东北和华北，美加中部大平原。西伯利亚乌克兰，澳大利亚新西兰。南美草原潘帕斯，欧洲西部广平原。种植面积最广大，产量位居粮食先。”

南亚的地理气候也可以用歌诀记忆：“南亚次大陆，地形分三部：北部为山地，三国居内陆；南德干高原，土肥矿产富；中间农业区，平原连成弧。三条大河流，冲积平原出；印河便灌溉，恒布下游汇；气候热季风，降水有偏护。”在这里需要注意的是：恒，指的是恒河；布，指的是布拉马普特拉河，本河源于中国境内，在中国称雅鲁藏布江。

化学知识要点记忆

记忆化合价可以用这样的歌诀：“一价氢氯钾钠银，二价氧钙镁钡锌，三铝四硅五价磷，二三铁、二四碳，一至五价都有氮，铜汞二价最常见，正一铜氢钾钠，正二铜镁钙钡锌，三铝四硅四六硫，二四五氮三五磷，一五七氯二三铁，二四六七锰为正，碳有正四与正二，再把负价牢记心，负一溴碘与氟氯，负二氧硫三氮磷。”

氢气还原氧化铜的实验也可以编写成这样的歌诀：“夹紧试管向下倾，防水回流生裂痕，实验开始先通氢，空气排尽再点灯。先点灯，会爆炸，顺序颠倒生祸根，由黑变红即反应，用灯加热要均匀。继续通氢至室温，撤灯停氢顺序分，先停氢，会氧化，以免功败于垂成。”

语文知识要点记忆

句子语病修改歌诀：“检查语病要细心，先看主干主谓宾，残缺搭配是病因；再看枝叶定状补，能否搭配中心语。下面语病常常见，熟悉现象心有底。是否恰当用词语，语序是否属合理，前后有矛盾，更有不统一，替概念，有歧义，句式杂糅使人迷，结构又胶节，语言重复又多余，多层否定成后语。修改语病法牢记，添、删、调、换百病医。”

动词的用法可以编写成这样的歌诀：“世间万物皆运动，于是动词相应生。行为动作和发展，存在消失与变更。心理活动及判断，一概可作谓语用。能愿趋向两动词，配合谓语意更明。”

物理知识要点记忆

重心这个章节可编写成这样的歌诀：“决定重心两因素，几何形状和分布，二力平衡来应用，两次悬挂可得出，分布均匀形状定，对称图形即中心，心在物外不稀奇，分布变化位更新。”

同样，机械能守恒的歌诀也可以这样编写：“只有保守力做功，系统机械能守恒，动能势能互转化，一个减少一个增，零势能点选定后，能量总量就恒定。”

英语知识要点记忆

There be句型的歌诀：“There be有特点，主语放在be后面，单数主语用is，复数主语要用are。变否定很简单，be后要把not添。变疑问也不难，把be提到there前。否定疑问any换，就近原则多多练。”

关于冠词的一般用法可以用这样的歌诀：“名词是秃子，常需戴帽子；可数名词单，前需a和an；元音因素前用an，其他都是a来管；若是不可数，a/an均不见；物质抽象表具体，必须a/an来处理；无论可数不可数，泛指the字管不着。”

数学知识要点记忆

解一元一次不等式组可以这样编写歌诀：“大于头来小于尾，大小不一中间找。 大大小小没有解，四种情况全来了。同向取两边，异向取中间。中间无元素，无解便出现。幼儿园小鬼当家（同小相对取较小），敬老院以老为荣（同大就要取较大），军营里没老没少（大小小大就是它），大大小小解集空（小小大大哪有哇）。”

解一元二次不等式就可以编写成这样的歌诀：“首先化成一般式，构造函数第二站。判别式值若非负，曲线横轴有交点。A正开口它向上，大于零则取两边。代数式若小于零，解集交点数之间。方程若无实数根，口上大零解为全。小于零将没有解，开口向下正相反。”

画重点

⊕心理学家研究表明，人的记忆是以"组块"为单位，但组块与组块之间不是孤立的，而是可以相互联结。

⊕创意歌诀能把所有单一的块状记忆资料相互联结，让记忆的效果大大地提高。

⊕使用创意歌诀法要注意发掘特征，创作的歌诀要准确自然、简洁、有节奏感、容易上口。

专栏十六　融会贯通全记牢

在这一章节里，我们要把前面学的知识和未来的应用联系起来，以检验学习效果。下面的这些练习精选出了一些有代表性的例题，以辅助你对前面所有的记忆方法的吸收与消化，在应用的时候，学会举一反三，才能实实在在提升学习能力。

希望通过这些例题的练习，以及对照我在后面给出的参考答案，能让每一个学员都能把链式记忆法、图码标签法、信箱记忆法、缩编记忆法等学习技巧应用于学习和生活中，对任何想要记忆的资料都能做到融会贯通全记牢，并在运用的时候精准地调出存储在大脑里的资料。

第一类　短小数据资料及考点的记忆

1.1927年八一南昌起义。

你的记忆：____

参考答案：

图码记忆：药酒（19）和耳机（27）都是解放军（81）参加南昌起义的武器。

融会贯通：中国革命都是发生在一九几几年，所以19就不要记忆了，再看，81就是8月1日建军节，同样也是很熟悉的日子。那我们就直接记忆27，现在开始创造联系，只要记住南昌起义的“南”字就好，把“南”字分成上下两部分，上面的“十”字笔画是2画，除开“十”字下面是7画，所以记住“南”字就记住27了。

2. 张学良和杨虎城于1936年12月12日发动西安事变。

你的记忆：____________________________________

参考答案：

图码记忆：张学良和杨虎城在发动西安事变的时候，在药酒（19）和奶粉（36）里藏了两只闹钟（1212）。

融会贯通：跟上面的例子一样，19不用记忆了，只需要记住36就好，我们从资料中选出“城”这个关键字来记忆36这个数字，因为左边“土”字的笔画是3画，右边的“成”字笔画为6画，看见“城”字就想到了具体的时间。同样12月12日，只需要记住“西安”这个关键词，这两个字的笔画一共是12画。

3. 李时珍写成《本草纲目》的时间是1578年。

你的记忆：____________________________________

参考答案：

图码记忆：李时珍写《本草纲目》这本书的时候一边吃月饼（15），一边吃西瓜（78）。

融会贯通：李时珍写《本草纲目》这本书的时候还做对了15=7+8这道数学题。

4. 日本富士山高12365英尺。

你的记忆：____________________________________

参考答案：

融会贯通：想象我们去攀登日本的富士山，一共用了12个月、365天才攀到了峰顶。

5. 周平王东迁是在公元前770年。

你的记忆：________________________________

参考答案：

融会贯通：周平王往东迁移是因为他要去研究7−7=0的具体原因。

6. 塔里木河全长2137公里。

你的记忆：________________________________

参考答案：

融会贯通：测量塔里木河长度的工人随便说出21=3×7，这个乘法公式就成了它的长度。

7. 1234年蒙古灭金。

你的记忆：________________________________

参考答案：

融会贯通：一群蒙古军人在金国灭亡了以后齐声高呼1、2、3、4 的口号。

8. 秦统一于公元前221年。

你的记忆：________________________________

参考答案：

融会贯通：秦朝能够统一中国是因为所有的人都能做2÷2=1这道题目。

第二类　长段考试资料记忆

例：安全事故的分类。

1.特别重大事故，是指造成30人以上死亡，或者100人以上重伤（包括急性工业中毒，下同），或者1亿元以上直接经济损失的事故；

2. 重大事故，是指造成10人以上30人以下死亡，或者50人以上100人以下重伤，或者5000万元以上1亿元以下直接经济损失的事故；

3. 较大事故，是指造成3人以上10人以下死亡，或者10人以上50人以下重伤，或者1000万元以上5000万元以下直接经济损失的事故；

4. 一般事故，是指造成3人以下死亡，或者10人以下重伤，或者1000万元以下直接经济损失的事故。

你的记忆：________________________________

____

____

参考答案：

把这些资料通读过后，你会发现，随着事故越来越小，死亡的人数和经济的损失就越来越低，因此，我们用缩编法直接把数据缩编过后，记忆会非常方便。

1. 特别重大事故，用缩编法直接把数据缩编记忆为：311

2. 重大事故，用缩编法直接把数据缩编记忆为：135151

3. 较大事故，用缩编法直接把数据缩编记忆为：311515

4. 一般事故，用缩编法直接把数据缩编记忆为：311

第三类　抽象型纯文字资料段落背诵

例如，口头沟通的八点注意事项：你能够清楚地表达出自己的想法，你还应当确保词语能精确地表达意思，言谈举止保持礼貌和友好，在所有场合保持你真实的本色，身体自然放松，与对方保持目光接触，选择适合环境的着装且保持整洁，在整个沟通的过程中保持良好的姿势。

你的记忆：________________________________

____

____

参考答案：

对于这种抽象型的资料，我们很难直接把它转换成图像来记忆，那就必须采取关键字记忆策略。先找出每一句当中的关键词，再把这些关键词组合起来，形成资料的骨架，然后再在这个骨架上去丰富其余的内容。

上面的资料中，文字下面加黑点的是我提取出来的关键词。

再用链式记忆法中的"串联法"把这些关键词组成一个生动活泼的故事或者场景。

我们很清楚地看见一只金色的喜鹊（精确），它对人们非常有礼貌，对动物也很友好，保持着勤劳善良的本色，浑身的羽毛自然放松，睁开眼睛与人们目光接触，它想要一个合适的环境来筑巢，这个地方需要整洁一点，便于它每天飞翔的时候有一个良好的姿势。

记住这个故事以后，请把这些关键词和原文联结，联结完成后，合上书本反复回忆三到五遍，你就可以轻松完成对这段文字的记忆了。为了检验自己的记忆效果，你可以拿起笔，把上面的空格填好，然后和原文对照一下，看看是不是全部写正确了。从现在开始，你可以拿着自己学习的资料做练习。记住：只有不断地练习，记忆的速度才会越来越快，精准度才会越来越高。

第八章

英语单词记忆法

第一节　你为什么成不了英语达人

随着“地球村”概念的普及，中国人开始更多地走出国门，不同国家的人彼此之间的交流和联系变得越来越频繁，国家与国家之间的合作越来越紧密，而英语作为全球公认的通用语言，在学习、工作和生活中变得越来越重要，能讲一口流利的英语成为人们必备的基本技能。

尤其是在我们国家现行的教育中，从小学三年级开始，直到到大学毕业，英语的考试成绩都占有非常重要的比例。如果你想要拿到学士学位，英语必须要过CET4；如果你想要考上研究生，英语必须过CET6；如果你想要出国学习，考托福、雅思、GRE更是把英语放在重要的位置。

如果你走进自己所在城市的任何一家英语培训机构，眼前的情景一定让你惊叹不已。这间教室里是一群牙牙学语的3岁孩童，摇头晃脑地坐在教室里跟一位英语老师奶声奶气地说着“hello”“good morning”“thanks”“byebye”等单词，另一间教室里则有很多高级白领跟着一些外教叽里呱啦地拼命练习口语。我见过一位70多岁的老爷爷，儿子在美国成了家，老爷爷为了去看一看自己那从小就讲英语的孙子，在一家培训机构足足学习了半年时间。

为此，有人把文盲的范畴扩大到不懂英语的人，很多人都希望能熟练地掌握英语，为自己的生存和发展创造优势。然而，有很多的人，花费了大量的时间和精力，练习题做了一本又一本，英语单词记了一遍又一遍，依然在大学的时候没有办法轻松通过CET4考试，就算是通过考试了，也几乎很少有人能把英语有效地利用。为什么会出现这种情况呢？这得从词汇量说起。我们都知道，学习任何一门语言，无非就是两大关键：

Point 1　脑袋里的词汇足够多

对咱们中国人来说，英语不是母语，不可能一天24小时跟老外一样沉浸在一个只讲英语的环境里。我们所有英语词汇的累积都是被动式的，在这样的条件下，想要让自己累积足够多的英语词汇，有非常大的难度，除非你非常喜爱英语并且一直坚持着。

我在教学的时候，常常把英语单词比喻成建筑英语这座高楼大厦打地基用的“砖块”，砖块越多，大楼的地基就会越稳，英语大楼就会砌得越高。如果你打地基的“砖块”一块都没有或者很少，永远都不会建造出英语这栋高楼大厦的。因为在英语学习的过程中，没有词汇，听力、语法、阅读、写作等套用一句现在最流行的话语来说就是“神马都是浮云”。

Point 2 语法学得好

语法当中我们学得最多的就是句子，所有的句子都是由单一的单词组合而来的，所以没有单词量，你的语法也是学不好的。以我本人教学英语的实际经验来看，理想的词汇量是：CET4需要3000多个，CET6需要4500个，雅思、托福、GRE最低也需要6000个。如果你不是为了拿考试证书，只是为了能和外国朋友熟练地交流，那你只需要记住2000多个常用的英语单词就可以了。如果你每天坚持记忆10个左右的单词，最多一年，你通过CET4那是易如反掌，一年半时间过CET6更不是什么难事。

看到这里，你会觉得太理想化了。但事实是，有太多大学生学员经过训练，轻松考过CET4，众多的大学生学员经过连续5个月每周4小时的训练，轻松考过CET6。他们是怎么做到的呢？很简单，他们应用了我教授的一套专门适合中国人记忆英语单词的方法，通过这套方法来记忆英语单词，可以把单词长时间地存储在脑海里，经久不忘。

很多人英语不理想的最根本原因就是只对单词进行了短期记忆，而没有把单词长期存储在大脑里，导致在应用提取的时候，脑袋里没有资料。只要你跟着本书的方法学习，累积你的词汇量，你也可以在1~3年内成为英语达人。

画重点

⊕英语作为全球公认的通用语言，在学习、工作和生活中变得越来越重要，能讲一口流利的英语成为人们必备的基本技能。

⊕学习任何一门语言，无非就是两大关键：脑袋里的词汇足够多且语法学得好。

⊕很多人英语不理想的最根本原因就是只对单词进行了短期记忆，而没有把单词长期存储在大脑里。

第二节　记忆英语单词的六个步骤

在学习英语的过程中，想要大脑准确地接收一个新的英语单词，必须遵循英语学习的三个基本法则，按照这三个法则一步一步来，这个单词整体输入大脑的速度就会越快，记忆就会越牢固。这三个法则依次是：读音——拼写——意义（见下图）。

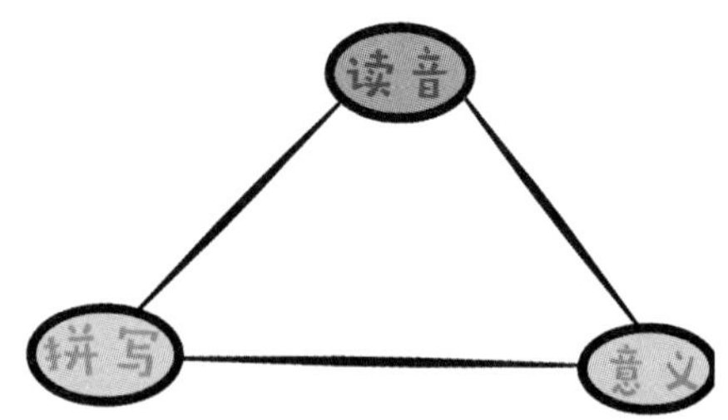

首先来看读音。英语学习中，如果一开始就把一个单词的读音发错了，不光会闹出很多笑话，还会打击自己学习英语的积极性。所以，一个单词正确的读音是非常重要的。其实要解决这个问题非常简单，只需要把48个国际音标的发音读对就可以了。

接着就是拼写了，很多人在考试的时候得分很低，不是因为他不会做这些题目，大多数时候是单词的拼写出了问题。往往是把答案中涉及的单词少写一个字母或者多写一个字母，整个题目就答错了。单词有其唯一性，因此英语单词的拼写必须保持精准，这就对记忆的质量要求很高。

最后就是要懂得单词的意义。一个英语单词至少有3种以上的意思，比如说单词“bird”，除了大家都知道的“鸟”的意义，它还有另外的6种意义，它可以作为动词“打鸟”，还可以作为名词“火箭、导弹、姑娘、家伙”等其他意义。对一个单词，你懂得的意义越多，你的口语就会越好。

这三个法则我把它叫作学习英语的“铁三角”，缺一不可。当你了解这三个法则之后，会发现一个问题，这三个法则中，其中有一个是不需要记忆的，那就是读音，每一个刚接触的新单词，后面一定会有其正确发音的音标，只要照着读，读音就正确了。而单词的拼写和意义呢，没有一本教材教我们如何记忆，大多数人记忆英语单词只能靠死记硬背，从而进入今天记、明天忘，反复记、反复忘这样一个死胡同。为了提高记忆单词的效率，我们必须要清楚了解记忆英文单词的6个步骤。

Step 1 朗读

朗读不仅能够锻炼口才，提高演讲能力，更重要的是，它也是一种温故知新的重要方法。在记忆英语单词的时候，如果一边记忆单词的拼写，一边跟着专用英语教学录音学习，不但可以纠正不正确的发音，还能培养语感，更能通过声音的刺激，集中注意力，提升记忆的效率。语言学天才H·休利曼精通古希腊以及其他几国语言，人们让他分享一下学习方法，他只讲了两个字——朗读。拿到一篇文章，他反复地大声朗读，多次被人从公寓赶出来。一遍又一遍地朗读，终于得到回报，对于一种全新的外国语言，他只需要3~6个月就可以达到完全精通的地步。另外，在朗读的时候一定要做到眼到、口到、心到。

Step 2 熟悉拼写

当我们遇到不熟悉的英语单词需要记忆时，必须仔细看清楚这个单词由几个字母组合而成，然后再看看这个单词的构成方式，寻找单词的意义与它的构成字母之间的联系，或者找出单词里熟悉的元素和元素组合，然后再结合发音，把这个单词口头组合一下。

Step 3　了解词义

在累积英语词汇的学习过程中，往往会遇到一词多义的情形。在传统的教学中，大多数时候只会记住单词的某一个意思。但同样的单词或者短语出现在不同语言场合的时候，意义会完全改变。如短语“pick up”有多个意思：从地上捡起东西、去车站接人，或者是偶然地学到一些知识。如果只用某一种单一意思来理解的话，意义就相差了十万八千里，所以对于一个英文单词或短句，你了解的不同词义越多，对英语的语境就会更熟悉，讲的时候就越容易脱口而出。

Step 4　选择方法

常言说：方法用对，事半功倍；方法不对，努力白费。这句话用在记忆英语单词上，最合适不过了。英语的词汇来源本来就很复杂，再加上我们一直生活在以汉语为母语的环境中，要以完全不同的认知语言文字的思维习惯，去掌握这些毫无生趣的单词，不选择正确的方法去记忆的话，学不好、记不住都是正常的。在这里送给正在记忆英语单词、积累词汇量的朋友一句话：“方法永远比努力更重要！”

Step 5　处理记忆

这一步是将苦恼转化为乐趣，中国人学习英语除了缺乏充分的语言环境之外，还有一个更重要的缺陷，就是深受汉字表意系统的影响。而英语基本上是表音文字，整个英语词汇则是一个表音系统。我们在记忆单词的时候采取汉字表意记忆式的理解和分析，效果不但差，而且还很容易让大脑疲劳。如果记忆单词的时候能够成为一种创作，成为一种乐趣，你一定会充满成就感。之后我将提供三大英语单词记忆法，让你拥有非凡的单词记忆能力。

Step 6　系统复习

我们的大脑不像计算机那样忠实，随着时间的流逝，会产生遗忘的正常现象。

但只要你运用前面讲授的“3-5-1-3-5-1复习法”进行系统的复习，会让单词的记忆更加深刻，记忆的质量越来越高，更容易达到融会贯通的新水平。

画重点

⊕读音、拼写、意义是学习英语的铁三角。

⊕记忆英文单词要按照下面六个步骤：朗读、熟悉拼写、了解词义、选择方法、处理记忆、系统复习。

⊕我们在记忆单词的时候如果采取汉字表意记忆式的理解和分析，效果不但差，而且还很容易让大脑疲劳。

第三节　三大英语单词记忆方法

现在，我把三种我认为最适合中国人记忆英语单词的方法和思维方法传授给大家。这三种方法和思维方式在我10多年的教学实践中，让上千名学生轻松突破英语单词的记忆“黑障”，在托福、雅思、GRE的考试中取得了非常理想的成绩。故此，有很多参加我英语单词记忆培训的学员都亲切地称为“吉祥三宝”。

通过前面的学习，我们知道了记忆的窍门就是用“熟悉的东西帮助我们记忆不熟悉的东西”，比如前面讲的信箱记忆法就运用了这个原理。我即将讲授的这三个方法就是运用一系列的步骤让英语单词轻松完成转换和联结，提供一种反传统的记忆方法，使记忆英语单词变成一种兴趣和爱好。当代著名的心理学家皮亚杰曾说过：“所有智力方面的工作都依赖于兴趣。”如果你想要在英语方面有所突破的话，记忆单词就是你现在立刻要做的智力工作。

单词记忆方法一　思维图析法

思维图析法是一种用图像来表达思维和记忆的大脑操作工具。在记忆英语单词的时候，通过学习和使用思维图析法，可以让大脑释放潜能，运用一种新的记忆途径，把枯燥无味的英语单词图像化、彩色化和幽默诙谐化，从而结合大脑的聚焦性和放射联结性把单词长期存储在脑海里。现在，我们来看看思维图析法的关键要点。

Point 1　熟记26个字母和常见字母组合的图像标签

一个英语单词都是由A–Z这26个字母中的一些字母相互组合而成的。在传统的记忆方法中，仅仅强调通过这些字母组合成的声音去记忆，但对于大多数中国人来说，由于缺乏足够的语言环境，因此很难靠声音去大量记忆。

为了解决这个问题，就要将26个最基础的字母和一些常用的组合转化成生动具体的图码，借助人为赋予的形象进行有效的联结，完成对单词的记忆。把字母转化成图码有两大方法，一是运用字母读音的谐音，二是通过字母的外形找相似物品。通过这两大方法，就可以快速精确地记忆这些图码。下面，我们就来设定26个字母及一些字母组合的具体图码。

26个字母转化的图码标签

字母	图码	转换方法	形象图
A	铁塔	外形	
B	笔	谐音	

续表

字母	图码	转换方法	形象图
C	耳朵	外形	
D	笛子	谐音	
E	衣服	谐音	
F	斧头	外形	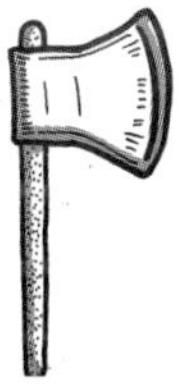
G	公鸡	谐音	
H	梯子	外形	

续表

字母	图码	转换方法	形象图
I	竹竿	外形	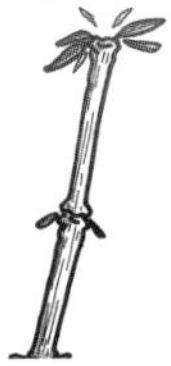
J	鱼钩	外形	
K	国王	谐音	
L	靴子	外形	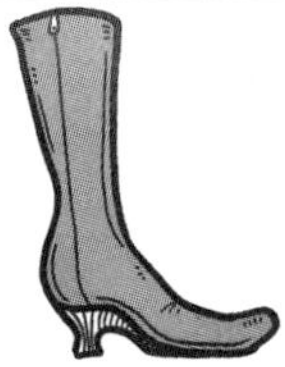
M	麦当劳	外形	
N	门	外形	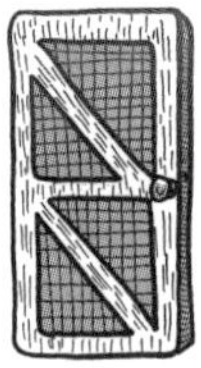

续表

字母	图码	转换方法	形象图
O	球	外形	
P	球拍	外形	
Q	蝌蚪	外形	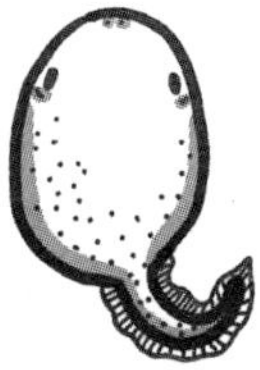
R	稻草人	外形	
S	蛇	外形	
T	蘑菇	外形	

续表

字母	图码	转换方法	形象图
U	桶	外形	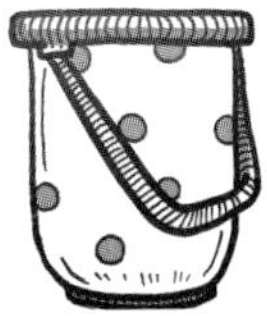
V	胃	谐音	
W	电话线	外形	
X	十字架	外形	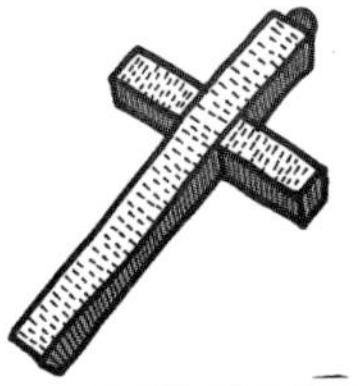
Y	弹弓	外形	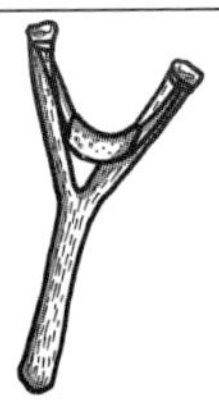
Z	台阶	外形	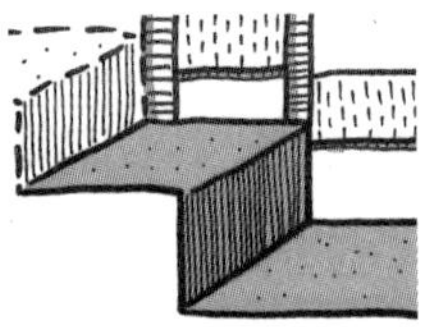

常见双字母的图码标签		
au 藕	ba 爸爸	be （钱）币、是
bi 匕（首）	bo 包	ca 卡（车）、喜爱
cc 蜥蜴	co（纽）扣、手铐	da 傣（族）、呆（子）
de 德（军）	di （皇）帝	du 肚（子）
ea （蚂）蚁	ap 阿婆	ab 阿伯
F1（赛车）	fi 飞（机）	fo 佛头
ad 广告	ga （乞）丐	et 外星人
gu 歌舞（厅）	hi 海	ho 耗子
la 拉（链）	le 鲤（鱼）	li 梨（子）
im 荧幕	ma 妈妈	mo 魔鬼
na 拿（破仑）	ni 泥（巴）	st 街道
oo 眼镜	ou 蒙古包（圆屋）	pa （手）帕
pe 皮衣	po 泡泡	ra 日（本）矮（子）
re 瑞（雪）、雪花	ri （花）蕊	ro 日元
ru （火）炉	sa 鲨（鱼）	se 司仪
su 书	te 台子、太太	ti 蹄子
to 桃子、秃	ue 巫医	va （老）外

上面这些是我们对26个字母和一部分字母组合的图码转换，还有一些需要你在实际的运用中去灵活地转换，我在这里就不过多地讲述。只要把这些图码牢牢地记下来，在记忆单词的时候，结合下面讲解的内容，这些图码立刻就可以派上大用场。

Point 2　找出单词中熟悉的中文拼音元素及组合

在很多英语单词中都可以找出熟悉的中文拼音，运用这些中文拼音来帮助我们记忆英文单词要比死记硬背快得多。

以“国际象棋chess”为例，按照传统的记忆方式就是“c-h-e-s-s”来记忆的。如果运用熟悉的拼音来协助记忆的话，在这单词中就可以找到 “车”这个中文字的拼音“che”，再结合字母“s”图码是蛇来看，“ss”就是“两条蛇”，这个单词就可以这样记忆：车（che）里面有两条蛇（ss）在下国际象棋。

再比如“损毁、损坏damage”，我们直接可以找出“da、ma、ge”这3个中文拼音，联结记忆就是：大妈（dama）一边唱歌（ge），一边损毁东西。不但轻松记住了单词的拼写，还记住了它的中文意义，一举两得，是不是很简单?

Point 3 没有熟悉的中文拼音就找熟悉的英文单词

在学习记忆单词方法的时候，我发现一个很有趣的现象，那就是如果这个单词中找不出熟悉的中文拼音，就一定可以找出熟悉的英文单词，还有的甚至是熟悉的中文拼音和熟悉的英文单词组合在一起。如果能熟练运用这个有趣的现象，不但可以把学过的单词再巩固一遍，而且还会让单词的记忆变得更加简单。

如“伤痕scar”中就找不出熟悉的中文拼音，但可以找到熟悉的英文单词“car”，结合“s”图码“蛇”就可以这样记忆：蛇（s）被小汽车（car）压了，就有了伤痕。

又比如“羊毛衫cardigan”，就是典型的单词“car”和拼音“di、gan”的组合，那就可以这样记忆：小汽车（car）停的地（di）方是干（gan）净的，因为上面铺了件羊毛衫。

理解了这三个要点后，就要把这种方法运用在今后的单词记忆中，让它形成一种条件反射式的本能反应。现在需要你来做练习，请开始检验你的学习成果吧。

1. earn [ɜːn] 赚钱

你的记忆：________________________________

2. infant ['ɪnfənt] 婴儿

你的记忆：________________________________

3. abuse [ə'bjuz] 滥用

你的记忆：________________________________

4. spade [sped]铲

你的记忆：______________________________

5. guide [gaɪd]领路人

你的记忆：______________________________

6. slack [slæk] 松弛

你的记忆：______________________________

7. cape [keip] 海角

你的记忆：______________________________

8. lounge[laundʒ] 休息室

你的记忆：______________________________

9. heat [hit] 热

你的记忆：______________________________

10. cheap [tʃip] 便宜

你的记忆：______________________________

11. glare [gler] 瞪眼

你的记忆：______________________________

12. human ['hjumən] 人类

你的记忆：______________________________

参考答案：

1. earn [ɝn] 赚钱：ear 耳朵 + n 门

记忆：把耳朵挂在门上，卖了赚钱。

2. infant ['ɪnfənt] 婴儿：in 在……里面 + fant 人名：范特

记忆：在范特家里面有个婴儿。

3. abuse [ə'bjuz] 滥用：a 一个 + bus 公共汽车 + e 鹅

记忆：一辆公共汽车只有一只鹅乘坐，很浪费啊。

4. spade [sped] 铲子：spa 按摩 + de 的

记忆：按摩的时候要用铲子。

5. guide [gaɪd] 领路人：gui 贵 + de 得

记忆：找个领路人是很贵的。

6. slack [slæk] 松弛：s 蛇 + lack 缺乏

记忆：蛇缺乏营养全身很松弛。

7. cape [keip] 海角：cap 帽子 + e 鹅

记忆：帽子被鹅拿到海角去了。

8. lounge[laundʒ] 休息室：loun无用之人 + ge 哥哥

记忆：休息室里的那个无用之人是哥哥。

9. heat [hit] 热：h 梯子 + eat 吃

记忆：在梯子上吃东西很热。

10. cheap [tʃip] 便宜：che车 + ap 阿婆

记忆：便宜的车是阿婆的。

11. glare [gler] 瞪眼：g公鸡 + la拉 + re 热

记忆：公鸡拉着东西，热得直瞪眼。

12. human ['hjumən] 人类：hu 胡子 + man 男人

记忆：在人类中长胡子的才是男人。

单词记忆方法二　数据转化法

这种方法就是把单词当中的一些类似于阿拉伯数字的组合转换成数字组合来记忆。在英语单词记忆当中采用数据转化法，我们的视觉系统用全息摄影的方式把单词输入进大脑，大脑就会以最快的速度找出相似的阿拉伯数字组合快速进行匹配，然后把匹配好的数据与剩下的字母或者字母组合再联结，从而完成英语单词的记忆。

这种方法不但会充分发挥大脑的转换和编码能力，还能快速达成持久的记忆效果。现在，来看一些例子吧。我们跟人打招呼一定会说的“hello”这个英文单词，如果用数据转换法来记忆的话，效率要快得多。为什么呢？我曾经做过一个实验，在办公室楼下的广场上随机找了100个人，我问他们会说“hello”这个单词吗？答案是100个人都会说。我又问，会写这个单词吗？结果让我出乎意料的是，有超过一半的人不知道怎么写，后来我用数据转换法教了他们以后，全部的人都觉得这样记忆单词非常方便、好玩、有趣，更容易让自己记得住。

看看我是怎么教他们的：首先把“hello ”这个单词分为“he ”和“llo ”这两部分，“he ”就是中文字“和”的拼音，而“llo”用数据转换后就成了报警电话“110 ”，同时把“1”谐音成“幺”，这组数字就可以读成“幺幺零”。这个单词就可以这样记忆：和（he）幺幺零（110）打招呼说“hello”。就这样，这个单词就记住了。

因为数据转换法可以让单词的记忆变得更简单，所以深受学员的欢迎。那到底有哪些字母及字母组合可以用数据转换来记忆呢？只要你善于发现和运用，答案有很多很多。现在就列举一些例子以供大家在单词记忆的时候参考。

常用字母组合数据转化			
字母及组合	转换后的数字	字母及组合	转换后的数字
llo	110	gg	99
lo	10	go	90
b	6	gl	91
bo	60	bb	66
boo	600	ool	001
blo	610	ll	11
log	109	loll	1011
oo	00	glo	910
ol	01	ob	06

现在我们就把上面这些转换的组合运用在下面这些单词的记忆中。先自己尝试一下，然后再和后面的参考答案作对比。

1. bull [bul] 公牛

你的记忆：______________________________

2. doll [dɔl] 玩偶

你的记忆：______________________________

3. cargo [ˈkɑːgəu] 货物

你的记忆：______________________________

4. goose [guːs] 鹅

你的记忆：______________________________

5. lock [lɔk] 锁

你的记忆：______________________________

6. hell [hel] 地狱

你的记忆：______________________________

7. bamboo [bæmˈbuː] 竹子

你的记忆：______________________________

8. pool [puːl] 水池

你的记忆：______________________________

9. balloon [bəˈluːn] 气球

你的记忆：______________________________

10. body [ˈbɑdi] 身体

你的记忆：______________________________

参考答案：

1. bull [bul] 公牛： bu 布 + ll 11

记忆：拿着布匹绑住了11只公牛。

2. doll [dɔl] 玩偶：do 做 + ll 11

记忆：做了11只玩偶。

3. cargo [ˈkɑːgəu] 货物：car 小汽车 + go 90

记忆：小汽车装了90件货物。

4. goose [guːs] 鹅：goo 900 + se 司仪

记忆：900个司仪在吃鹅。

5. lock [lɔk] 锁：lo 10 + ck 服装

记忆：10件CK服装被锁起来了。

6. hell [hel] 地狱：he 他 + ll 11

记忆：他被打下了11层地狱。

7. bamboo [bæmˈbuː] 竹子：ba 爸爸 + m 麦当劳 + boo 600

记忆：爸爸在麦当劳里买了600根竹子。

8. pool [puːl] 水池：p 球拍 + ool 001

记忆：球拍被编号001这个人丢进了水池里。

9. balloon [bəˈluːn] 气球：ba 爸爸+lloo 1100 + n 门

记忆：爸爸拿着1100个门去买气球。

10. body [ˈbɑdi] 身体：bo 60 + d 笛子 + y 弹弓

记忆：用60个笛子和弹弓打自己的身体。

单词记忆方法三　组合联想记忆

运用前面的两种方法累积到600个以上的单词后，就可以大量采用这种单词记忆法了。采用组合联想记忆的单词基本上都是由两个或者两个以上的单词组合而成，请看下面的例子：

rainbow 虹，彩虹：这个单词是由“rain”（雨或者下雨）和“bow”（鞠躬）两个单词组合而成的。可以这样记忆：“彩虹在下雨的时候要鞠躬。”

carpet 地毯：这个单词是由“car”（小汽车）和“pet”（宠物）这两个单词组合而成的。记忆也非常简单：“小汽车运送的是宠物使用的地毯。”

restrain 限制：这个单词由“rest”（休息）和“rain”（雨或者下雨）两个单词组合而成。同样可以这样记忆：“休息的时候在下雨，所以要抑制出门。”

tomorrow 明天：听说这是连英国首相布莱尔都会拼错的单词，其实要记住是非常简单的。它是由“tom”（雄性动物）“or”（或者）“row”（划船、街）这三个单词组合而成的，可以这样组合联想：“明天的时候，那些雄性动物或者会到街上去划船。”

运用好组合联想记忆的方法，记住一个英语单词就相当于记住三个或者四个英语单词，记忆的效率会大大提高。现在请做下面的练习吧。

1. drawback ['drɔ:bæk] 缺点、退税

你的记忆：____

2. membership ['membəʃip] 成员资格

你的记忆：____

3. enterprise ['entəpraiz] 事业

你的记忆：____

4. assassinate [ə'sæsɪn，et] 暗杀

你的记忆：____

5. bookshelf ['buk，ʃɛlf] 书架

你的记忆：____

6. breakfast ['brɛkfəst] 早餐

你的记忆：____

7. toothbrush ['tu:θbrʌʃ] 牙刷

你的记忆：____

8. guidebook ['gaidbuk] 旅行指南

你的记忆：____

9. loudspeaker ['laud'spikɚ] 扬声器

你的记忆：____

10. housework ['hauswə:k] 家务劳动

你的记忆：____

11. postman ['pəustmən] 邮递员

你的记忆：______________________________

12. homeless ['həumlis] 无家可归的

你的记忆：______________________________

13. worldwide['wə:ldwaid] 全世界的

你的记忆：______________________________

14. supermarket['su:pə.mɑ:kit] 超级市场

你的记忆：______________________________

15. safeguard ['seifgɑ:d] 防护措施

你的记忆：______________________________

参考答案：

1. drawback 缺点、退税：draw（绘制、拖曳）+ back(后退、后面)

记忆：要退税的话，就拖曳着绘制的东西往后退就可以了。

2. membership 成员资格：member（成员）+ ship（船）

记忆：一个成员想要上船必须要取得这个船的成员资格。

3. enterprise 事业：enter（开始、参加）+ prise（奖赏、欣赏）

记忆：事业的成功需要开始参加活动，并需要得到奖赏。

4. assassinate 暗杀、行刺：ass(傻子、笨蛋) + in (在……里面) + ate (吃)

记忆：两个傻子在里面吃了东西后被暗杀了。

5. bookshelf 书架：book（书）+ shelf（架子）

记忆：书架是用书和架子搭建而成的。

6. breakfast 早餐：break（打破、折断）+fast（快、迅速地）

记忆：吃早餐要打破迅速地吃完的习惯，要慢慢吃。

7. toothbrush 牙刷：tooth（牙齿）+ brush（刷子）

记忆：牙刷就是用来刷牙齿的刷子。

8. guidebook 旅行指南：guide（领路人、导游）+ book（书）

记忆：旅行指南就是领路人用的书。

9. loudspeaker 扬声器：loud（响亮的、大声的）+speaker（演说者、演讲者）

记忆：扬声器是给大声说话的演讲者用的。

10. housework 家务劳动：house（家庭）+work（工作）

记忆：家务劳动就是在家庭里做的工作。

11. postman 邮递员：post（邮件、邮政）+ man（男人）

记忆：送邮件的男人是邮递员。

12. homeless无家可归的：home（家、家庭）+ less（较少的）

记忆：无家可归的家庭是较少的。

13. worldwide 全世界的：word（世界）+wide（宽的、普遍的）

记忆：全世界都说这个世界是很宽的。

14. supermarket 超级市场：super（超级的）+ market（市场、交易）

记忆：超级的交易都是在超级市场成交的。

15. safeguard 防护措施：safe（安全的、保险的）+ guard（警卫、保卫）

记忆：安全的警卫就是防护措施。

画重点

⊕运用思维图析法一定要熟记26个字母和常见字母组合的图像标签。

⊕数据转化法不但会充分发挥大脑的转换和编码能力，还能快速达成持久的记忆效果。

⊕当我们累积到600个以上的单词后，就可以大量采用组合联想记忆法了。

第四节　三字经单词批量记忆法

在努力增加英语单词量的过程中，你一定会发现，有很多英语单词的词义完全不同，但拼写方式却十分相似，很多单词只相差一个或者两个字母，还有相当大的部分相同，甚至是直接在一个单词上加上一个或者两个字母，从而组成了一个全新的单词。

由于这些单词音节不明显并且很多读音相近，很容易让我们在记忆的时候混淆，尤其是那些由2~4个字母组成的单词，究竟有没有一种方法，能够有效避免常见单词的混淆，并且能够有效提高这些单词的记忆效率？答案就在下面。

所谓的三字经单词批量记忆法就是把某两个或者多个单词相同的拼写部分首先找出来，然后再根据单词的意思编写出一段幽默、诙谐、有趣的英语三字经来相互联结记忆。在记忆的时候，只需要记住这段三字经并在大脑里想象出这段三字经的场景画面，你就可以以较少的脑力记忆较多的词汇。请看下面的例子：

例1：

nay [ne] n.拒绝、反对、投反对票。

kay [ke] n.凯（女子名）。

say [se] n.话语、想说的意见、发言权。

may [me] n.五月、能、可能。

pay [pe] n.薪水、工资。

hay [he] n.干草、黑河(位于英属哥伦比亚)。

day [de] n.天、白天、日子、白昼。

bay [be] n.海湾、狗吠声、绝路。

way [we] n.路、行业、规模、情形。

ray [re] n.光线、闪烁、微量。

这10组单词都有同样的拼写部分“ay”，现在我们就来记忆不同的部分，这不同的部分，用我们中国传统文化三字经的形式表现，并把英语单词的第一个字母大写，来加深印象。当我们想到这段三字经的时候，就可以还原成要记忆的单词了。

例1的单词可以编写成这样的三字经：

现在may（M），我家kay（K），一个day（D）领到pay（P），拿着hay（H），走上way（W），来到bay（B），借着ray（R），说着say（S），不懂nay（N）。

仔细把自己带入到这个场景中，想象现在是五月份了，我家姑娘叫凯，有一天她领到了工资就背着一捆干草，走在回家的路上，走着走着却来到了海湾，天已经黑了，借着微量的光线，很多人过来跟她说话，她一个接着一个不停地跟人聊天，一点儿也不懂得拒绝别人。

例2：

cap [cæp] n.帽子、军帽、（瓶）帽、（笔）帽。

lap [læp] n.膝盖、舔声、重叠的部分。

map [mæp] n.地图、图。

nap [næp] n.(白天)小睡、打盹、细毛。

hap [hæp] n.机会、运气。

yap [jæp] n.废话、无赖。

rap [ræp] n.叩击、轻拍、轻敲、斥责。

zap [zæp] n.活力、意志。

gap [gæp] n.缺口、裂口、间隙、缝隙、差距、隔阂。

sap [sæp] n.树液、体液、活力、坑道、笨人、傻子。

tap [tæp] n.水龙头、轻打、活栓。

pap [pæp] n.奶头、半流质食物。

同样，找出这12组单词中相同的一个拼写组合“ap”，然后编写出一段充满创意的英语三字经来记忆这些英文单词。如下：

有了hap（H），戴上cap（C），轻敲lap（L），抓紧nap（N），有人rap

（R），说着yap（Y），打坏tap（T），露出gap（G），流出sap（S），喝了pap（P），拿着map（M），充满zap（Z）。

这段英语三字经的场景可以这样想象：我遇到了很好的机会，便戴着帽子，轻轻敲打着自己的膝盖，抓紧时间小睡一会儿，突然有个人来轻拍我一下，对我说了一些废话，还打坏掉了一个水龙头，水龙头露出了一些缝隙，流出了很多树液，我喝掉了一些半流质食物后，拿着地图，浑身就充满了活力。

现在，请你根据上面的示范，完成以下单词的记忆。

练习1：

bet [bet] v.赌、赌钱。

net [net] n.网、网络。

get [get] vt.获得、变成、收获。

pet [pet] n.宠物、受宠爱的人。

yet [jet] ad.仍、至今。

wet [wet] a.湿的、潮湿的、有雨的、多雨的。

jet [dʒet] n.喷射、黑玉、喷气机。

let [let] vi.出租； vt.允许。

vet [vet] n.兽医、老兵。

het [het] n.热、热度、高温、热烈。

1. 找出这组英语单词中相同的拼写组合，再编写出一段英文三字经，写在下面的横线上。

____

____

2. 根据编写的英文三字经，写出你想象的情景画面。

____

____

参考答案：

天气het（H），空气wet（W），有个vet（V），养只pet（P），装上net（N），用于200 let（L），很多get（G），买了jet（J），爱上bet（B），一直yet（Y）。

想象场景：天气热了，空气非常潮湿，有一个兽医，养了只宠物，装上了网络，把这只宠物租了出去，收获了很多钞票，就去买了个喷气飞机，到澳门去旅游时，爱上了赌钱，一直到现在。

练习2：

jut [dʒʌt] v.（使）突出、（使）伸出、突击；n.突出部分、伸出部分。

but [bʌt，bət] prep.除……以外、但是。

gut [gʌt] n.（复）内脏、小肠、剧情、内容、海峡。

nut [nʌt] n.坚果、螺母、螺帽、难解的问题。

cut [kʌt] v.切（割、削）、（直线等）相交、剪、截、刺穿、刺痛、删节、开辟。

put [pʊt] vt.放、摆、移动、提出、赋予。

hut [hʌt] n.小屋、棚屋。

out [aʊt] n.外面、外出。

rut [rʌt] n.定例、惯例。

1. 找出这组英语单词中相同的拼写组合，再编写出一段英语三字经，写在下面的横线上。

____

____

2. 根据编写的英语三字经，请写出你想象的情景画面。

____

____

参考答案：

修建hut（H），要吃gut（G），这是rut（R），遇到nut（N），非常jut（J），

无法cut（C），只好put（P），全部out（O），而你but（B）。

想象场景：你带领着一群工人去修建一个小屋，吃午饭的时候工人们要吃动物的内脏，他们说这是惯例，不吃不行，你只好去买，在路上你遇到了一个难解的问题，非常突出，想了很久都没有办法解决，最后只好把问题摆放在脑海里面，非常郁闷，一个工人一不小心惹火了老板，老板就把他们全部赶了出去，除了你之外一个都没有留。

画重点

⊕很多英语单词的词义完全不同，但拼写方式却十分相似，只相差一个或者两个字母，甚至是直接在一个单词上加上一个或者两个字母，从而组成了一个全新的单词，这些单词都适合三字经单词批量记忆法。

⊕三字经单词批量记忆法既能有效避免常见单词的混淆，还能有效提高这些单词的记忆效率。

⊕使用三字经单词批量记忆法需要你有很好的想象和创意。

第九章

获取最强大脑

分享一　21天养成法

心理学家说："一个人的习惯是坚持一个行为21天后养成的。"我非常认同这句话，在人这短短的一生中，大多数的行为都被习惯操纵。例如，有人喜欢喝酒，这是由于长期喝酒养成的；有些人喜欢抽烟，同样也是由于长期抽烟养成的。正是因为你有一些好的习惯或者坏的习惯，才真正成就了现在的你。

同样，把这点用在记忆力提升训练的过程中也是适用的。只要你运用我前面教授的那些提升记忆力的方法和技巧，坚持练习21天，在第22天的时候，你一定会拥有更好的记忆力。那些能够在自己的领域里取得辉煌成就的人，都是在获取了正确的方法后，加上自己不懈的努力和坚持后才获得巨大成功的。

当然，我更想让你知道的是，不要把这本书看完了就算数，这样你只会把看完这本书当成一个任务。为了能够获取超强记忆，成就最强大脑，你必须结合一些学习材料进行练习，在日常生活中加以运用。

千万不要告诉我你学习了这些方法和技巧之后没有练习的材料和运用的地方。其实在生活中，你会接触到成千上万练习和运用的机会，虽然这是一件很难的事情，但你要相信，没有任何一项投资会比你现在对自己进行这种智力练习的投资更具有价值。

现在你要做的第一件事情就是，运用本书中讲授的方法，立刻行动起来。有一天你一定会发现一个大大的惊喜——现在所有对大脑的投资，所取得的收获都会在今后工作、生活和学习中加倍体现。而我也是在10多年以前接触到记忆力提升训练课程后，开始坚持着主动运用这些方法，不但提升了自己的记忆力和思维能力，更重要的是给我注入了强大的自信，改变了我的人生。

从现在开始，在自己的工作、生活以及学习中，把这些方法和技巧有效地运用起来吧。

1. 把工作、生活、学习中接触到的各种文字资料进行图片转化。

2. 把你所有通过话的电话号码利用数字图码或者谐音转换立即记下来。

3. 运用信箱法把自己所作演讲或者会议记录中的要点一一对应记住。

4. 每天作一个工作或者学习计划，并记住这些计划的要点。

5. 把自己公司或者竞争对手的产品特点拟定出来，运用数字图码信箱一一对应记忆。这样在跟客户进行商业谈判的时候，你就会轻松很多。所谓“知己知彼，百战不殆”讲的就是这个道理。

6. 晚上睡觉之前，翻出词典中的5~10个英语单词，将这些单词运用前面讲授的方法记忆一遍，早上醒来再复习一遍，你就可以在短时间之内增加英语词汇量。

7. 翻出名片册中所有的名片，让同事随意抽取10张出来，然后你将这些名字和公司名称进行图像化。

8. 记住现在书店里的畅销书和火爆的电影作品，这样可以在谈话的时候容易找到共同语言，拉近人与人之间的距离。

9. 把工作中的日程计划、周期安排或者项目的流程等转换成夸张、夸大、诙谐的记忆材料，即使是你很熟悉的流程，也可以尝试一下。

10. 翻一翻每天的报纸或者打开电脑浏览一下网页，然后用数字图码记住你认为的要点。

以上这10点，哪怕你每天抽出5~10分钟去坚持做到其中的2~3点，在一个月之后，你就会发现你熟练了很多，记忆的速度也比以前有了很大的进步。成功来自不断地练习，你运用得越频繁，就会运用得越好，记忆的效果就会越好。

坚持21天吧，把本书中的内容融入你的大脑，一旦你能熟练地运用这些方法和技巧，一定会让你受益终身，因为记忆的能力一旦得到提升，你就永远不会失去它。

分享二　逃离记忆训练的误区

现在市面上，家长对孩子的期望较高，为了让自己的孩子能轻松地学习，对记忆力训练课程需求大大增加，很多不具备教育资质的机构及个人开始浑水摸鱼，除了让学习者损失钱财之外，还因为不专业的授课让学习者偏离了学习的轨道。一朝被蛇咬，十年怕井绳，因此很多的家长和学员对记忆力训练产生了偏见。这些偏见对于一心想要提升自己记忆力的学员来说，是非常致命的。学员只有走出了记忆力训练的误区，才能有效地利用这些提升记忆力的方法，快速提升记忆力5~20倍。

有两个误区，是我在培训中经常遇到的情形，每一个误区都可以代表一部分人的心态，正因为这些错误的观念，很多人在学习的时候沮丧万分，丧失了学习的兴趣，我今天写出来，正是希望正在阅读本书的你不要重蹈覆辙。

误区1　麻烦

用记忆法来记忆各种材料，不但要对抽象的词语和句子转换，而且还要对各种数据用图码编码，最要命的是，还要让很多一直习惯线性思考的人开动右脑想象出各种图像和画面来。对于一些习惯用左脑条例式死记硬背的人来说，用记忆法来记忆各种资料是有点麻烦的，这也是很多了解和接受记忆训练后的人最真实的表现。

造成这种状况有两个原因：一是习惯，二是没有弄清楚记忆的真正目的。人类在某种程度上应该说是习惯的奴隶。对于已经养成的习惯，没有人会觉得麻烦。我经常在课堂上举开车的例子，会开车的人觉得开车非常简单，刚开始去驾校学开车的人一听教练讲出那么多条条款款一定会觉得非常麻烦，一旦通过不断地练习，养成了习惯，通过考试后能熟练驾驶汽车的时候，以前的那些麻烦都不再是麻烦了。

学习记忆训练课程的时候，我们必须要弄清楚学习的目的，而这也是能否学好这个课程的关键。只要你懂得了记忆力训练，让学习资料记得牢固，在大脑里面存储的时间够长，保证了考试的分数，一切麻烦对你来说都是小菜一碟了。更何况和你今天记住了、明天又忘记了带来的考试不及格这个大麻烦相比，这点麻烦是可以忽略不计的。

误区2　费时间

记忆力训练这个方法好是好，不过就是太费时间了，还没有直接对资料进行理解分析后记起来快。这是很多初学者发出最多的一种声音，也是很多人不采用记忆方法和技巧时最大的借口。归根到底，还是“嫌麻烦”导致的。

采用记忆训练课程中学到的方法和技巧来记忆学习中的知识要点，不但会将从短期记忆过渡到长期记忆，对各科知识点的记忆更加牢固，历久弥新，而且还会拓展思维能力，培养出优势思维。很多人用左脑快速记忆，看似节省了时间，实际上却是在浪费时间。因为这种没有给大脑带来任何刺激的条例式记忆虽然记得快，但同样忘得也比较快。而且这样的记忆还会给不少的学生带来一种“我已经学过了”的假象，对记忆的知识要点处于模棱两可的状况，大大降低了学习动力，一旦考试就会遇到很大的麻烦。

如果你只是因为不习惯，而不愿意放弃左脑的死记硬背，这对我来说是非常正常的事情，因为我经常遇到这样的学员。但是，只要参与了学习，亲身体验了记忆训练课程带给你的乐趣，这些增强记忆力的方法和技巧不但会让你记住想要记住的各种资料，还会让你从现在开始拥有一个不一样的未来。

专栏十七　终极大测试

经过前面的学习和自己的练习，我相信你已经准备好面对即将开始的这场终极大测试了。

你肯定还记得刚开始接触本书时我们进行的那些测试，而这场测试也是一样的，只不过内容有所不同，难度有所增加，和我们平时要记忆的学习资料差不多。现在，请你深呼吸，放松并集中自己的注意力，运用我前面讲授的超级记忆方法和技巧把这些资料完整地记下来，开始吧，你会为自己取得的成绩惊喜的。

测试1　就像前面的测试那样，用2分钟的时间记忆下面的20组词汇，你可以用链式记忆，可以用信箱法记忆，由你选择。完成后将这20项词汇盖上，把对应的词汇写在下面的横线上。开始吧。

河水　柴火　玩具工厂　老师　开刀　箩筐　手帕　糖葫芦　锄头　衣服

商品　经济　价值观　荒凉　思维　工业　发扬　精彩　历史　影响力

你所需的时间是：______分______秒

请按照顺序写下对应词汇：

1.________________　2.________________

3.________________　4.________________

5.________________　6.________________

7.________________　8.________________

9.________________　10.________________

11.________________　12.________________

13.________________　14.________________

15.________________　16.________________

17.________________　18.________________

19.________________　20.________________

每个词汇的得分是1分。你的得分是：________分

测试2　请把下面这10项资料按顺序记忆，时间不超过2分钟。

1. 苏堤春晓　2. 双峰插云　3. 三潭印月　4. 曲院风荷　5. 平湖秋月

6. 南屏晚钟　7. 柳浪闻莺　8. 雷峰夕照　9. 花港观鱼　10. 断桥残雪

你所需的时间是：______分______秒

请按照顺序写下对应资料：

1.________________________ 2.________________________

3.________________________ 4.________________________

5.________________________ 6.________________________

7.________________________ 8.________________________

9.________________________ 10.________________________

每项资料的得分是1分。你的得分是：________分

测试3 请用10分钟的时间记忆下面10项数字资料。

1. 1888年1月27日，美国国家地理学会成立。

2. 1956年1月28日，中国通过《简化字总表》，开始推行简体汉字。

3. 1909年2月1日，万国禁烟会在上海召开。

4. 1956年2月6日，国务院发布推广普通话的指示。

5. 1926年2月8日，美国考古探测队在墨西哥发现玛雅人金字塔。

6. 1907年2月10日，中国勘定第一口井。

7. 1936年2月26日，德国大众汽车问世。

8. 1924年3月4日，歌曲《祝你生日快乐》正式公开发表。

9. 1909年3月8日，确立国际劳动妇女节。

10. 1986年3月9日，中国历史上最大的辞书《汉语大字典》编撰完成。

你所需的时间是：______分______秒

请按照顺序写下答案：

1. 美国国家地理学会成立的时间是________________________________

2. 中国通过《简化字总表》，开始推行简体汉字的时间是________________

3. 万国禁烟会在上海召开的时间是________________________________

4. 国务院发布推广普通话的指示时间是____________________________

5. 美国考古探测队在墨西哥发现玛雅人金字塔的时间是________

6. 中国勘定第一口井的时间是________

7. 德国大众汽车问世的时间是________

8. 歌曲《祝你生日快乐》正式公开发表的时间是________

9. 国际劳动妇女节确定的时间是________

10. 中国历史上最大的辞书《汉语大字典》编撰完成的时间是________

每项资料的得分是1分。你的得分是：________分

测试4　用5分钟的时间，记忆下面这10项条文资料。

1. 人类首次从恐龙蛋化石中获得恐龙的遗传物质。

2. 我国首次发现三亿年前古生物化石。

3. 居民身份证制度开始实施。

4. 第一次夺得乒乓球男子团体冠军。

5. 加拿大医生班延发现胰岛素。

6. 芝加哥工人大罢工：“五一劳动”节的由来。

7. 转基因水稻在安徽合肥问世。

8. 探险家阿蒙森探明地球磁极。

9. 弗莱明发明青霉素。

10. 比基尼泳装首次亮相。

你所需的时间是：______分______秒

请按照顺序写下答案：

1.________

2.________

3.________

4.________

5.________

6.______________________________

7.______________________________

8.______________________________

9.______________________________

10.______________________________

每项资料的得分是1分。你的得分是：________分

测试5　用5分钟的时间，记忆下面10个英语单词。

1. lolly 棒棒糖　2. hippo 河马　3. scar 伤痕　4. educate 教育

5. scary 令人恐惧的　6. chess 国际象棋　7. kangaroo 袋鼠

8. panda 熊猫　9. molecule 分子　10. extinguisher 灭火器

你所需的时间是：_____分_____秒

请按照顺序写下相应单词：

1.________________　2.________________

3.________________　4.________________

5.________________　6.________________

7.________________　8.________________

9.________________　10.________________

每项资料的得分是1分。你的得分是：______分

现在将所有的得分加起来，和你第一次测试的成绩进行比较，你将会为自己的进步而感到骄傲！

希望你享受这段提升记忆能力的旅程，但我不希望在看完这本书以后，这段旅程就结束了，学以致用才是我对你最真诚的期望。如果你对自己这次终极测试的成绩满意的话，那我恭喜你，你终于达成自己的目标了。如果你对自己的测试不是太

满意的话，也没有关系，坚持一下，运用这些记忆方法和技巧，从现在开始，结合自己书本上的学习资料继续练习，21天后，你会发现奇迹真的出现了：自己的记忆力和思维能力真的提升了5~20倍！

后记

经过2个月的努力，终于在今天写完了这本书，然而我为了能写出这本书却准备了整整12年的时间。回想起这12年的培训生涯中经历的人和事，不禁感慨万千。在修订书稿的时候，心里始终伴随着不安，总是担心它不够完美。

这本书原本是我的讲义，10多年来，我运用书中的这些记忆方法和技巧指导了上万名的学员。我可以很自豪地说，我给许多学员的学习和工作带来了突破和改善，而且不仅仅表现在成绩上，更重要的是，让他们掌握了受益一生的学习方法，激发了优势思维模式，启动了自身惊人的学习能力。

古人韩愈在《师说》里这样说：师者，所以传道授业解惑也。在刚开始踏入大脑思维潜能开发培训这个行业的时候，我就给自己定下一个规矩：“教育是良心行业，切不可只为钱财丢掉治学的良心！”在从事大脑思维潜能开发培训的过程中，我努力让自己变得更加专业、更加优秀。在帮助一批又一批的学员提升学习能力的同时，我也从他们那里收获良多。在解答学员疑惑时，我对自己讲授的大脑潜能开发方法和技巧是否有效有了更广泛的实践和检验；当学员拿着学习资料来寻求辅导时，迫使我更加努力地运用这些方法和技巧研究出一个个最佳的解决方案；当我听到学员告诉我，他们考试的成绩和工作成绩比以前有了很大的提高时，我会感到非常喜悦和欣慰；当我看到学生们拿着自己心仪已久的高校录取通知书来向我道别时，我甚至会抱着学生们激动得热泪满眶。我想，这些应该就是对为我这个为师者最大的奖赏，或者说这些就是我这个为师者自我价值的体现吧。

随着教学活动的不断展开，我在原有的这些开发大脑潜能的方法和技巧上不断改进和突破，研发出了一套适合中国人的教学模式，让这些记忆方法和技巧更加贴近学员们的教材内容，不仅实用，并且能让学生们更加轻松、自然地使用，开启一种全新的思维模式，而不再是死记硬背。

想当初，我决定回重庆开办大脑潜能记忆和思维能力培训的时候，遇到了很多的挫折和一些根本无法预想的困难，但在朋友们的鼎力相助下，都一一化解。回想曾经的经历，再看看现在的自己，我不禁要感叹：世上无难事，只怕有心人。此刻，我真的做到了！做得越来越好了！让一些老师眼中的成绩“差等生”对自己的未来，越来越有期许了。

看到我现在的成绩，很多人都会问我同样一个问题：为什么当初会选择这个行业作为自己一辈子奋斗的事业，我总是微笑着回答他们：这是一个可以给别人带来美好未来的行业，而我也因为这些开发大脑潜能的方法和技巧受益了。

写这本书，还有这样一个目的：让自己不断地努力做好这份充满希望的工作。

真的要特别感谢一直陪伴我成长的学员们，是你们对我高度的信任，令我可以开创这样一番事业，让我找到了人生的使命，让我清晰地知道自己应该成为什么样的人。你们的支持，常常令我非常感动；你们的鼓励，对我是莫大的鞭策和奖励。请允许我在这里深深地说一声：谢谢你们，因为你们，我的人生才如此精彩！

感谢本书的策划编辑郝珊珊女士，正是她对我的支持和信任，才让本书有机会和大家在最短的时间内见面。

感谢所有帮助过我的朋友们！虽然我在此无法一一署出你们的名字，但请你们接受我最诚挚的谢意！

感谢正在捧读此书的所有读者，是你们的支持和关注，让我在成就完美人生之路上迈出了坚实的一步！同时也希望愿意改善学习状态和方法的朋友能够与我取得联系，我将以最大的真诚将我在大脑潜能开发培训方面研发的方法和技巧，毫无保留地传授给需要帮助的同学和朋友。我的联系方式是：lzh882950@163.com。

最后，我想用我的老师曾对我说过的一句话来作为本书的结尾：

“一个人这辈子最需要的两种能力就是超强的记忆力和敏捷的思维能力，因为它们是成就美好未来的基石！”